如何欣赏建筑

汉宝德　著

生活·讀書·新知 三联书店

本书为五南图书出版有限公司授权生活·读书·新知三联书店
在大陆地区出版发行简体字版本。

图书在版编目（CIP）数据

如何欣赏建筑／汉宝德著．—2版．—北京：生活·读书·新知三联书店，
2020.6

（汉宝德作品系列）

ISBN 978 – 7 – 108 – 06808 – 8

Ⅰ．①如…　Ⅱ．①汉…　Ⅲ．①建筑艺术－鉴赏－世界
Ⅳ．① TU-861

中国版本图书馆 CIP 数据核字（2020）第 049535 号

责任编辑　崔　萌
装帧设计　蔡立国　薛　宇
责任印制　张雅丽
出版发行　生活·讀書·新知 三联书店
　　　　　（北京市东城区美术馆东街 22 号　100010）
网　　址　www.sdxjpc.com
图　　字　01-2017-6678
经　　销　新华书店
印　　刷　北京隆昌伟业印刷有限公司
版　　次　2013 年 1 月北京第 1 版
　　　　　2020 年 6 月北京第 2 版
　　　　　2020 年 6 月北京第 6 次印刷
开　　本　880 毫米 × 1230 毫米　1/32　印张 5.75
字　　数　60 千字　图 83 幅
印　　数　30,001 – 33,000 册
定　　价　45.00 元
（印装查询：01064002715；邮购查询：01084010542）

三联版序

很高兴北京的三联书店决定要出版我的"作品系列"。按照编辑的计划,这个系列共包括了我过去四十多年间出版的十二本书。由于大陆的读者对我没有多少认识,所以她希望我在卷首写几句话,交代一些基本的资料。

我是一个喜欢写文章的建筑专业者与建筑学教授。说明事理与传播观念是我的兴趣所在,但文章不是我的专业。在过去半个世纪间,我以各种方式发表观点,有专书,也有报章、杂志的专栏,副刊的专题;出版了不少书,可是自己也弄不清楚有多少本。在大陆出版的简体版,有些我连封面都没有看到,也没有十分介意。今天忽然有著名的出版社提出成套的出版计划,使我反省过去,未免太没有介意自己的写作了。

我虽称不上文人,却是关心社会的文化人,我的写作就是说明我对建筑及文化上的个人观点;而在这方面,我是很自豪的。因为在问题的思考上,我不会人云亦云,如果没有自己的观点,通常我不会落笔。

此次所选的十二本书,可以分为三类。前面的三本,属于学术性的著作,大抵都是读古人书得到的一些启发,再整理成篇,希望得到学术界的承认的。中间的六本属于传播性的著作,对象是关心建筑的一般知识分子与社会大众。我的写作生涯,大部分时间投入这一类著作中，在这里选出的是比较接近建筑专业的部分。最后的三本，除一本自传外，分别选了我自公职退休前后的两大兴趣所投注的文集。在退休前，我的休闲生活是古文物的品赏与收藏，退休后，则专注于国民美感素养的培育。这两类都出版了若干本专书。此处所选为其中较落实于生活的选集，有相当的代表性。不用说，这一类的读者是与建筑专业全无相关的。

这三类著作可以说明我一生努力的三个阶段。开始时是自学术的研究中掌握建筑与文化的关系；第二步是希望打破建筑专业的象牙塔，使建筑家为大众服务；第三步是希望提高一般民众的美感素养，使建筑专业者的价值观与社会大众的文化品味相契合。

感谢张静芳小姐的大力推动，解决了种种难题。希望这套书可以顺利出版，为大陆聪明的读者们所接受。

汉宝德

2013 年 4 月

前　言

　　二〇〇八年，当时任《人本》杂志主编的黄怡小姐要我为该杂志写一个专栏。她是我的忘年交，很喜欢我的文章，特别是我所写有关建筑的普及性的文章。她也了解我对国民美育的浓厚兴趣，所以建议我把我认为值得介绍给广大读者的建筑物，用一种导览的口气，陈示在大家面前，让读者们可以多认识些建筑，进而欣赏建筑的美。她希望我每期介绍一个作品，集到一定数目，可以出书，以广流传。这样的邀约，我一口气就答应了。

　　开始下笔，选择建筑物并不困难。由于是每月专栏，次序无关紧要，想到哪里就可写到哪里，只要是我认为重要的作品就可以了。但是在介绍的过程中，不免想到空间与时间的分配。在空间上，自欧美澳等西方国家，到中日等东方的国家；在时间上，自古代、现代，到当代，都要有代表性作品。我们在台湾推行美育，当然在可能范围内，多介绍几座当地的建筑。值得我们欣赏的建筑是不分空间与时间的。建筑有民族与文化背景的分别，有时代的特色，但自审美的观点看，其价值是相同的，不应有偏见。

　　写这类文章，当然以一般读者为对象。既然是欣赏，要自了解开始。首先要介绍这建筑的来龙去脉。建筑是一种以理性为基础的艺术，简单地说明结构或功能是免不了的。因此还是需要读者们有一些耐性。为了减少太过理性的感觉，我在行文间总是以游记的方式叙述，增加些故事性。

当然，我一定会指出这座建筑的美感之所在。我知道，对于缺乏美感素养的人，只靠说是没有用的。所以一定要对照相片，希望引起读者的共鸣。对于初次接触"美"的朋友们，则希望他们认真地看，沉下心来欣赏。为了帮助读者体会到美感，免不了对美做一些分析，因为形式的美感也是可以用理性来说明的。

这个专栏写了一年，很高兴，居然为"新闻局"的先生们注意到，颁了一个金鼎奖给我。我在报纸、杂志上写专栏几十年，头一次得奖，有点受宠若惊，可见他们还是只承认我在建筑上的专业地位。由于得奖，我回头读了一遍，觉得建筑美学要普及化，仍然是不容易的。这个专栏是我写《为建筑看相》以来，向前迈出的一小步。希望这不是我最后一本介绍建筑美感的著作。

汉宝德

二〇一一年元月

目　录

莱特：西塔里生的感动

作为一个建筑专业者，一个挑剔的建筑鉴赏人，要我看了喜欢，甚至希望拥有的建筑物实在不多。于是，我决定在我因年老而逐渐消退的记忆中搜寻，找回我寻访名家作品时的兴奋感觉，与读者们分享。

第一波自遥远的回忆中唤回的，是莱特（Frank Lloyd Wright，1867—1959）在沙漠中的一栋房子，就是他在美国西部的学校校舍，称为西塔里生。

莱特，为什么老了就不再"有机"？

莱特这位鼎鼎大名的美国前辈建筑师，在我读大学时早就从美国杂志上领教过了。他是几位国际级大师中我比较崇拜的一位，因为他崇尚自然的观念带有浓厚的东方色彩，使我感到亲切。他有些理论性著作，说明有机主义的观念，在我看来是非常有说服力的，对我的影响极深，使我到今天都很难接受反乎自然的后现代及前卫建筑。

我到美国驻留的第一个地方是加州，毕业返国任教数年后，又到加州教书一年，在加州看了不少莱特的建筑。整体说来，我并没有想

坐落在沙漠中的西塔里生

象中可能受到的感动。我所知道的莱特，在中西部（Mid-west）发展成熟的莱特，到西部有些变质了。即使一位旷世大师的作品，也不容易完全使人满意！这使我感受到建筑创作之难。

我亲眼目睹的莱特作品，第一座是在东京的帝国饭店，当时还没有拆除，是他早期的作品；第二座是旧金山的莫里斯商店，是纽约古根海姆的前奏。这两座建筑，虽无特别的感动，却能欣赏、验证他的思想。但是后来看到他的一些比较晚年的设计，多少不免失望。为什么他老先生到老来就不再"有机"了呢？

所谓"美国的"建筑观

一九七六年暑假去南加州时，兴起到亚利桑那州凤凰城一游的念头，遂租车前往。开了几小时的车到达凤凰城，先到州立大学走了一圈，看了莱特圆形的演讲厅，非常失望。他的公共建筑设计的才能在强生石蜡公司上已用尽了。去郊外看看较早期的西塔里生吧！

看到西塔里生，我真的受到强烈的感动！

莱特的有机建筑在外形上是贴近地面的，在内容上是独立家屋。这一点有很多涵义，反映了莱特的建筑思想与观念。我们都知道美国新闻处曾大力推销莱特的建筑观，因为莱特以美国建筑师自居。什么是"美国"呢？在精神上崇尚自由，在政治上崇尚民主，在生活上崇尚自然，是美国文化的根基。

美国人是一群受不了欧洲古老文明的束缚，逃到蛮荒大地上过无拘无束生活的男女。在当年的美国人心目中，独立家屋代表的就是自由民主的精神，各人过自己喜欢的日子，不干涉别人，也不受别人干涉。

把独立家屋盖在广阔的大地上，与天地日月为伍，从大地上靠自己的努力讨生活，就是自然。这种想法，今天的美国人是无法理解的。然而这是美国盛行市郊开发的根由。

沙漠中的西塔里生

今天的大都市与高楼都是美国人的发明，在莱特看来，是一种悲剧：人类受机械支配的结果是悲惨的，与自然脱节了。美国地大物博，人人都有住独立家屋的机会，与大自然相契合，所以东方爱好自然的文化，好像是为美国人创造的。在他看来，人类的文明就是教我们如何欣赏自然，爱好自然。所以建屋要与自然融为一体，贴近地面，如同自地上长出的一样。

莱特的这些观念，是我自书上读到而且熟记的，可是我看过他的建筑却没有这种感觉，当然也没有感动。真正使我体会到他的建筑哲学的深意者，居然就是这座建在沙漠中的西塔里生：一栋大型的、供学苑之用的住宅！

亚利桑那州是一片干燥的大地，虽然没有戈壁一样的、风可以吹得动的沙漠，却干得令人发燥。该州最有名的是大峡谷，是河流在沙漠中切开一个高数十米的大沟。亚利桑那的一般景色，呈现一片苍凉，沙漠植物为灰绿色，远处是一片低矮的枯山，巨石嶙峋，实在不是可以营居之地。然而，莱特先生在这里经营了一座令人感动的建筑。

"自地上长出"的房子

最自然的空间是山洞

我们把车子停在远处，慢慢走来，西塔里生像伏在地面上的蜥蜴，完全融合在地景之中，走到可以照相的距离，感觉到屋顶的水平线对后方山岭天际线的尊重。这座木与石造的建筑，显示了人类文明改造自然的力量，同时也从自然中寻求和谐的美感，维持人与自然之均衡。

为了谦卑，西塔里生没有莱特习用的斜屋顶，所以远远看去，只有几条木造的水平线，搭在石砌的台基上。在莱特心目中，建筑是空间；最自然的空间是山洞。在炙热的沙漠中，山洞是阴凉的，安全的。因此，西塔里生是一座人工的竖穴，上面覆以木架，供人类躲风吹日晒之苦。然而它不是假造或模仿自然物，不让人误为天然竖穴，要显示人类的科技与美感。

前文说过，西塔里生是莱特的住宅与学校，当然也是建筑设计的工作室，再加上一些集会与休闲使用的空间，其面积远远超过普通的住宅。他的建筑向来不注重大门的气派，所以我们把车子停下来，向建筑走去，实在不知是走向建筑的何方，多少有些神秘的感觉。

欢迎我们的，是一些大石块，随意地摆在水泥地坪上，我们拾级而上，看到的是两侧富于雕塑构成意味的低矮石壁，感受到莱特把建筑固着在大地上的强烈意志。

在莱特心目中，建筑是一棵树……

西塔里生基本上是以大石块为骨材，用模板倒水泥铸成石壁所建成的。我一时揣摩不透它的施工方法。看平直的壁面，知道是模板造成，但为什么大石块很像石板，完整地露出壁面？其施工法实难推测。石块是附近地面上取得的，可以保证与自然环境相配合。石块的形状不规则，大小不一，颜色有赭、红、黄等多种，似为刻意的安排，形成具有装饰意味的壁面。

这种使用石块的方法是莱特所独创，可以看出他的艺术家的风范。是大石块创造了石穴的感觉，充分结合了自然的风貌与现代科技的精神。

要了解这座建筑的构成，欣赏它的美，就要走到三角形游泳池边的草地上。莱特的建筑不太分得出正面与背面，这里是西塔里生最常被曝光的一面。在这里，我们可以看到大石砌成的微微内倾的坚实壁面，牢固得似自地面长出来，上面搭建着的则是轻快的红木框架，形成强烈的对比。在莱特心目中，建筑是一棵树，下面是根是干，上面是枝是叶，这就是有机建筑的真义所在。

由于亚利桑那州天气干燥，莱特在这里使用木架为上部结构，建造了唯一的一座以帆布为屋顶的建筑。这是以学生们的画图室为主的建筑，画图室需要明亮、均匀、柔和的光线。他想出用帆布过滤天然光的办法，因此创造了在世界上几乎独一无二的空间经验。

反"现代"的情感表现能手

你也许怀疑，这样的室内不会过热吗？应该会。我们要知道，莱特有两个塔里生，夏天他们会到威斯康星州，冬天才来这里。这是一种奢侈的美国的生活方式，不是我们所可评断的。

这种游牧式的逐日光而居，是开荒时代的美国梦想吧！

自上方采了充分的天光，因此室内就不再需要玻璃，房间都由大

这是西塔里生最常被曝光的一面

石块砌成的墙所围成，使每一个房间都有石穴的感觉。可想而知，进到陈列了柔软家具的室内，有安全、舒适的气氛，却与外界的自然隔绝。只有在少数的地方，木架与石壁之间嵌了小面积的玻璃，可以向外窥视，看到沙漠植物的世界。在莱特心里，住在洞穴里，像回到母亲子宫里一样的自然与安全。

　　为了营造一种亲切与温暖的感觉，莱特的住宅建筑中经常设置大型壁炉，是真正可以烧火的壁炉。在西塔里生也不例外，只是没有把它放在中心的位置。莱特非常强调空间的感情，长于利用空间：以或低矮或高阔，或狭窄或开敞，造成空间的悬疑与对比，激起心情的波澜。在现代建筑中，莱特在观念上反对"现代"，是情感表现之能手。

老子："凿户牖以为室"

一间起居室，也是小型会议室里，莱特在角落做了一个大壁炉，壁炉的上面，有一片大石板，刻了几行字，我仔细看其文意，竟是老子一句话的翻译："凿户牖以为室，当其无，有室之用。"

老子这句话常为建筑家所引用，乃强调空间的价值。无，就是空间。一间屋子，其用在空间，不在外形。可是大家常忽视了"凿"字。今天建屋，门窗是留出来的，不是凿出来的，我看了这个字，觉得老子所指的"室"，可能是中国黄土高原上的穴屋，与莱特的石穴空间非常符合。只是这句英文翻译并不传神。

莱特一直认为东方文化在居住上胜过西方，因为我们爱好自然。他所说的东方泛指一个区域，但他所知道的东方是日本。在他的室内外，放置了一些来自中国与日本的文物，使来自东方的我们倍感亲切。

匆忙、简短的访问，为我留下永不磨灭的印象。

凝固的音乐：廊香圣母堂

对于建筑，我是很挑剔的。到今天为止，我对自己的作品没有一座是非常满意的，看别人的作品，即使是大师之作，我也很少完全钦服。换言之，我是一个永远不满足的人，永远抱着批判的眼光去看世界。中年之后，知道这种态度是我生命中的一大缺憾，使我无法享受人生，才学习改变，对人对己的要求都缓和了些，学生们也不再那么怕我了。直到进入老年，我才真正接受人生的现实，可以欣赏别人，也开始衷心地欣赏建筑了，即使是平凡的建筑。

可是要我推荐一座使我感动的建筑，还是要自大师的名作中找。我立刻想到的是柯布西耶的廊香圣母堂。

柯布西耶背叛了柯布西耶？

柯布西耶（Le Corbusier，1887—1965）是二十世纪最重要的建筑师，也是倡导现代主义精神最坚定的建筑家。所谓现代主义，包括了几种内涵：其一是合理性，样样要讲出道理来，这是科学时代的主流精神；其二是机械性，强调机器的美学，这是技术时代的主流观念；其三是社会性，强调人道的价值，这是民主时代的主流思想。他著书立说，鼓吹现代精神不遗余力，对现代的建筑造型理论、都市发展观念，影响力无人能比。可是他到了老年，居然设计出一栋与他的理论完全不相干的教堂出来，轰动全世界的建筑界！

世人不太知道柯布西耶也是有名的画家与雕塑家，他以文艺复兴时代的大师为范式，兼有各种艺术家的身份。在绘画方面，他是立体派的后继者，称为纯粹派。终其一生，他一直不停地画，可是因为建筑的盛名，没有多少人知道或注意他的画。

从今天看来，柯布西耶的画是发展了立体派的造型观，简化或减少了毕加索的人物形象，强化了形式构成的观念。失去了"人"，在艺术界的地位降低了，但与建筑的关系就完全契合。几年前，台北美术馆展出他的画作，使我第一次了解他的绘画的全貌。老实说，没有多少感动，不过是图案的变化而已，纯形式失掉人性戏剧的绘画是单薄的。

但是在理性的建筑上，这种纯粹的形式又没有发展的空间。建筑是可以有人性的，理性使建筑受结构力学的影响而排除自由曲线。这是柯布西耶内心的矛盾，也是他这一生两脚分别踏在"理性的建筑"与"感性的绘画"两条船上的原因。他只能在建筑上挂画来解决这个问题，或在建筑的屋顶上用突出物的几何形，聊以解决内心的渴望。

廊香圣母堂是他把曲线造型的渴望表达在建筑上，用空间传达出人类内心深情的呼喊，所塑造的唯一的作品。也是在这个作品中，柯布西耶背叛了柯布西耶。

廊香圣母堂是个人形？

多年来我一直想去看看这座廊香圣母堂，但是它坐落在法国近瑞

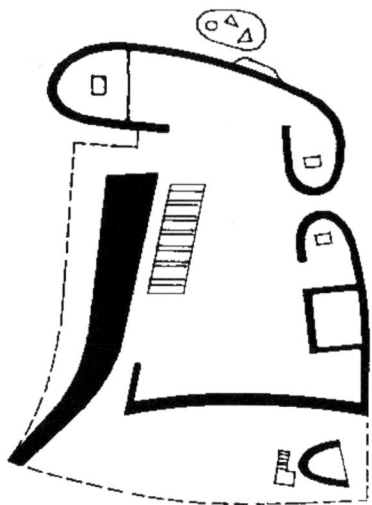

廊香圣母堂的平面图

士的山区，离开以巴黎为中心的地带甚远。我去过法国多次，法国该看的东西太多了，在中心地带的著名古今建筑就看不完。曾去过两次外省；即使外省，该看的建筑也看不完，总因时间短促，无法安排去廊香拜访。我已经几乎放弃希望了，没想到几年前有一次去欧洲看前卫建筑的机会，到了瑞士西北端的边城巴锡尔，这里是距离廊香最近的大型城市。经友人建议，就近去廊香走了一趟。

这座教堂，虽没有来过，其模样早已背得很熟，只是来此亲身印证而已。它的造型实在看不出什么道理，既无法以传统教堂来比对，也无法了解其表达语汇的意义。在我看来，只是他的绘画中一些曲线块体的组合。

自平面上看，它就是几条自由曲线的组合，很像他的某些绘画上的轮廓线。在他少见的一幅线条人形壁画上，两个裸女的身体就是这样用几条曲线勾出来的，组合的感觉非常相似。把平面图东西向、也就是传统教堂的朝向直放，就会认出它实际是一个人形。小小的脑袋是墙上面的接水池，向下看是一条曲线勾出的膀子与两只乳房，也就是两个小礼拜堂。再向下是身体，左边厚重的墙壁弯曲是一条腿，右边下方用曲线勾出迈出的前脚。

没有人像我这样解读，好像有罗织之嫌，但它必然存在于老柯的潜意识中，否则这个空间架构是无法解释的。

这就是"凝固的音乐"吧！

看完了平面再看造型。它的大门面向南方，长向，是违乎传统的。有趣的是，老柯放弃了法国教堂的典型的垂直身影，采用了一个向水平突出的大屋顶。我登上大门口的平台，暗色的水泥屋顶像一个画上的抽象块体，与白色的墙壁的另一个抽象块体搭合在一起。我的天！这个屋顶像巨人建筑家握笔凭空向上提笔画了一道。有多少建筑家希望这样自由地挥洒啊！右转走上广大的草坪，看到它的东南角，看到白墙壁的收头，就像刀刃一样向上升起，撑起左右两边巨大的屋顶！是大刀从中劈开的一条船吧！

大部分人都会觉得它的屋顶像高悬在空中的船，又像两条，又像一条。可是为什么教堂有一个船形的屋顶呢？它要航向哪里呢？有一点是不错的：它指向天空。在这座教堂里，只有这一个角度，黑色的屋顶隐喻地暗示了向上升起的形象，微微内倾的墙面上散布的大小开口，像乐音一样地飞扬起来。

廊香圣母堂的东南角

除此之外,在造型上真的看不出教堂的意味了。左手边的一个高塔,浑圆的塔顶没有教堂的象征意义,倒像美国的谷仓,上边有一个细小得几乎看不见的十字架,算是外形上唯一的象征吧!

可是我真的喜欢这个教堂。难怪日本建筑师安藤忠雄去了十几次。当你慢慢自右向绕它旋转时,就像听到一首丰美的交响乐:一种抽象的形体组成的乐曲。这就是所谓"凝固的音乐"吧!特别是你把眼光放平时,东向的户外神龛的种种抽象组合,太像老柯的某个抽象雕刻了!

你几乎忘记它是一座教堂

在柯布西耶的心里是没有"有机"观念的,一切是点、线、面的组成,及它们所创造的光影变化。这个建筑的四个面互相没有暗示,也没有自然的连结,只是一个乐章与另一个乐章的连续。所以当你转到东北角时,你所看到的只是雕刻的丰美,你会忘记它是一座教堂。只有转到北向的一面,渐渐接近西北角,你才感到这个浑圆的雕刻体上突出的三个半圆塔,似乎正暗示着崇拜之类的意义。

教堂的管理单位为了满足来访的游客,在理想的摄影角度处都保留广阔的草坪,以免远客留下无法留影的遗憾。西北角与东南角看上去几乎不是同一栋建筑。在这里,白色奶油般的质感,三塔挺然,恢复了教堂垂直的趣味,是老柯新创的宗教建筑的语汇:是温柔而甜蜜的,带有童话意味的梦幻式的崇拜场所,与东南角那种尖锐的、耶和华的愤怒的造型确实是大不相同的。衬着蓝色的天空,你坐在草坪上不想起身。

北国的夕阳来得早,西面的墙壁照得十分光亮,使屋顶突出的暗

廊香圣母堂的西北角

色大排水管与地面上的接水池形成一幅对比优美的绘画。绕了一圈终于回到南向正面了，再一次看到水平突出又指向天空的大屋顶，以及塔与墙间，以鲜艳的彩色所绘出的门扇。

最原始、最高贵的宗教空间

门扇好看，是不准出入的，我们必须绕到后面，从后门进出参观，而且不准摄影。这是不合乎人性的，所以我们也毫不客气地偷照了几张。我太慌了，照得不好，所幸有年轻同行的人比我心安理得，留了几张可看的照片。

光线的戏剧感

室内的空间是用光线创造崇拜的气氛。屋顶与墙壁间留有一条光线，予人以屋顶漂浮的感觉。坦白说，在神坛的上面并没有创造出神圣的气氛，却巧妙地在白壁上做出一些小光点及一个方窗，象征着宇宙。与传统教堂不同的是，不在神坛的上面投射光线，也没有特别照亮讲台，而是在右边的墙壁上全面开窗，使室内笼罩在一股神圣的氛围之中。开窗的方式是老柯所独创的。

这座教堂的南北两面墙壁，为了保持墙壁厚重的量感，又能发挥采光的作用，在墙上挖了大小、宽窄、横直不一的小洞，散落在壁面上，不能称为窗，只能称为洞，是立体派绘画时代的发明，可以使墙壁变成一幅画。在此观念下，整栋教堂没有一扇传统的窗子。

南向的墙面开口是廊香教堂的重头戏。这面弯曲的大墙壁下面有两米厚，用钢筋水泥灌成。外面向上倾斜，近三十个大小开口与北向立面排列方式近似，但室内笔直的墙面上却是放大的方形开口所组成的光亮的画面。每个开口都是外小内大的喇叭口。由于喇叭的外口大小不一，所以内窗的亮度呈现光照强度的变化。老柯为了在光线的戏剧中增加些宗教传统意味，用了些彩色玻璃画，也是立体派的风格，不注意就会错过。

这里并没有完全放弃传统光线的使用法。在下垂的暗色天花，白色粗质点壁面的对比间，高塔所形成的小礼拜堂，自高处投下光线，照亮下面的水泥台及一支蜡烛，是可以令人跪拜的地方。简单到毫无象征，除了面壁，就是天光。这是最原始、最高贵的宗教空间吧！

柯布西耶从来没有说这是他最满意的作品，这只是一个小教堂而已，他心里重视的建筑是都市。然而一位伟大的建筑家留下来的，应该是可以使我们感动的作品吧！

典雅的台湾博物馆

日人建造的台湾博物馆（台湾博物馆供图）

前两篇介绍过两位世界级大师的作品，大家不免觉得有些生疏。难道在台湾就没有什么好看的建筑吗？

从建筑史的重要性上说，确实没有，但找可以看或称得上美观的建筑倒也不难。要举例子，就从日治时期的建筑中找比较容易，因为他们占领台湾是有长期规划的，就把从欧洲学来的那一套搬过来了。这些建筑虽谈不上独创性，欧洲文化中典雅的风格是可以看到的。

在为数众多的公共建筑中，以台湾博物馆最适合用为审美学习的范本。这是因为自开始，它就是一座文化类建筑，摆脱了殖民帝国独有的那种豪气。我说这话是因为日人在台建造的西式官衙，不免用建筑的语汇来表现出统治者的权威与霸道。"总统府"就是很好的例子。这样的气派，用不到图书馆或博物馆等以教化为目的的建筑上。

大家为何看不到台博馆？

台湾博物馆的前身是省立博物馆，日治时是总督府图书馆。在当时，这栋建筑是重要的地标性建筑，面向着馆前路，对面是台北火车站。这是巴洛克时代都市设计的重要原则，也是十九世纪都市美化的重要手法。搭火车来到台北，自大门出来，看到远处的博物馆圆顶及柱列，长程的疲劳就消解了一半。自博物馆参观后出了大门，也可以看到熙熙攘攘的火车站大门厅。

可惜的是战后尚可以看到的这些景象，在台北市新建设中都消失了。执行建设的工程官员不懂得都市空间美感的道理，新车站的位置与台北市的街道失掉了视觉的连结，使这座亮丽的博物馆也在市民的眼中黯然无光，连一个完整的正面都看不到了。

台博馆的建筑属于法国的学院派，是典型的古典主义作品，建筑的精神都表现在正面上。今天要欣赏台博，非站在馆前路的中间不可。由

馆舍正面（台湾博物馆供图）

于车水马龙，市民已无此机会，坐在车上勉强可以，但车速快，哪有此心情？何况台北市政府把馆前路划为通向车站的单行道，如果到了门前下车，距离已经太近，必须仰视，这时能舒服地看到的，只是六根大柱子的门面，上面的圆顶已在眼界边缘了。要看圆顶与屋顶的全貌只好绕到公园里去。

不幸的是即使绕到公园里，虽可看到圆顶，也看不到正面的全貌，因为全被树木所遮掩。这一点，可以说明我们的政府官员完全没有把台博馆这座建筑放在眼里。

上圆下方的美的原则

在外国，重要而具有地标性的建筑都要保持相当突显的外观，不可以随便遮掩。树木之属只能作为陪衬，不能太多，目的不过是希望建筑的美可以为民众欣赏得到。可怜的台北市民，街上的建筑大多丑陋，有这么一座可以看的建筑，却埋没在树木与交通混乱之中。

为什么看到各向正面那么重要呢？因为这类古典学院派的建筑，都在正面图上下过功夫的。它没有什么新的创意，但美的比例却细心斟酌，丝毫都不马虎。设计者是当年的日本建筑师或设计师，并非什么名家，但显然受过严格的学院训练，在造型与比例上都是上得了台面的，因此在美感上的成就，并不会输给欧洲的同类建筑。

欣赏这样的建筑要分三个步骤才能看得透彻：一是远看，一是近看，一是细看。远看是看全面。古典主义的设计是左右对称，上圆下方,造型均衡匀称,最合乎美的原则。在这里要说明"古典"与"古典主义"是不同的。古典是指古希腊与古罗马的原则，是美感原则

自远至近的馆舍建筑，可看到完整的圆顶（左图由台湾博物馆提供）

古典的柱廊与山墙（台湾博物馆供图）

创生者，所以今天常把绝佳美人称为"古典美人"。古典主义则是文艺复兴追随古典原则，吸收后世创发的元素，结合而为比古典更古典的美感。其中一种在古典时代没有的重要元素就是圆顶（dome）。圆顶又称穹隆，并非必要，但重要的建筑都有圆顶。圆顶像天，有明显的纪念价值。

古典建筑最普遍的语汇是柱廊，最严肃庄重的是古希腊的多立克式，也就是雅典巴特农神庙的式样。它的柱子曲线优雅，比例匀称。这种式样最常见的是正面六根柱子，上面加三角形山墙。山墙搏风内则置以雕刻，使正面造型十分富丽、典雅。台博的正面大体相同，只是上面增加了圆顶。

处处见黄金比例

学院派建筑的圆顶被广泛使用，花样也很多。最成熟的圆顶，高耸入云，非常动人，如伦敦圣保罗教堂或华盛顿的国会大厦的圆顶，是白色，半球体下有圆环柱廊，是手工时代工程的结构。不肯花精神，圆顶也可以很不起眼，如伦敦特拉法格广场上的国家画廊，就是失败的例子。

十九世纪以来，金属建筑材料出现，圆顶这样非常困难的工程就大大地简化了，因此以钢铁为骨架，铜板或铅板为表面的圆顶就代替了石造的结构。在大厅的上方先筑一个方形的平台，在平台上搭圆顶。铜板新建时为橙红色，生锈后为墨绿色，与白色对比起来，另有一种高贵的风采。这就是台博馆建筑所采用的组构方式。

学院派的公共建筑外观最单纯的就是山字式构图。中央为入口大门，就是前文所描述的下为略突出的柱廊，上为圆顶。然后向左右两

馆舍正面，可看到上方的圆顶（台湾博物馆供图）

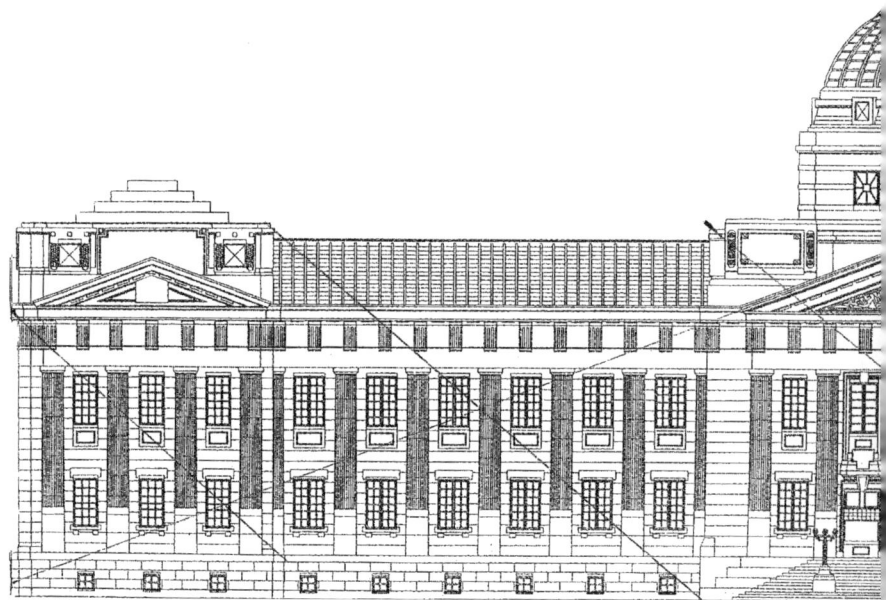

台湾博物馆立面图

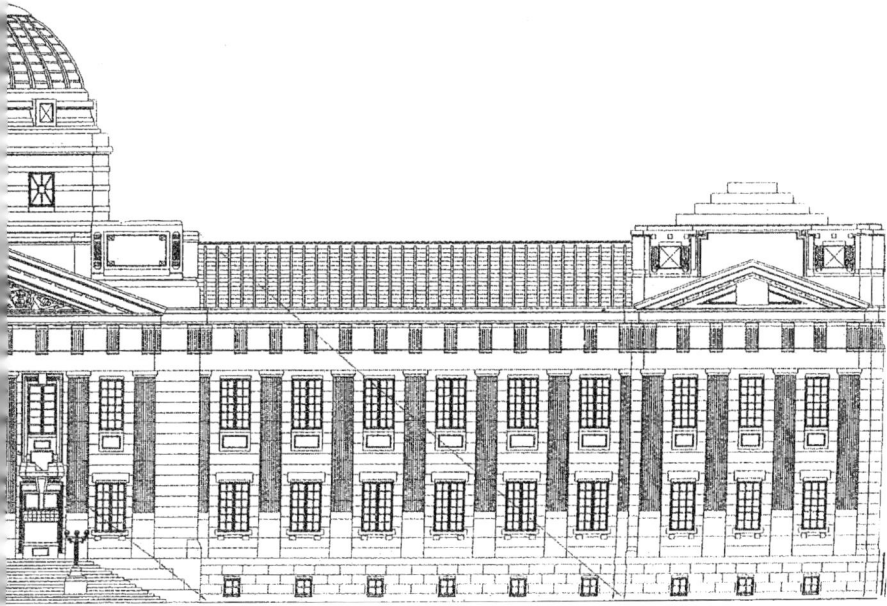

面展开，采用同样的柱廊的语汇，形成韵律，到两端收头，亦略突出，上亦为山墙平台。因此整体看来，上下左右比例匀称，主从分明，落落大方。台博馆就是这样一座典型的作品。

非常可惜，由于建筑不受重视，这座建筑自各方向都看不到全部了。我本希望当年自新公园方向可看到背面全景，原本还有水池倒影，谁知近来背面也被大树遮蔽，只能看到圆顶了。因此我只能用建筑图来说明欣赏它的方法，也就是比例解析法。

从上页的立面图上，可看出中央正面几何形重叠的构成：自上而下有半圆形、矩形、三角形、圆形柱列。如果站得够远，全都看得到。这些几何形用线段的比例关系组合成一个美观的整体。它使用的是什么比例呢？

首先，有几个重要的水平线条必须掌握。自下而上，地平线，台阶高度，柱头高度，山墙尖端高度（也就是整座建筑的高度），圆顶平台高度，最高点。这座建筑的比例基数没有采用黄金比，采用的是倍数比。自地面到横梁顶的高度是横梁到屋脊的一倍。自屋脊到圆顶顶点的高度等于地面到横梁顶。六根柱子的通宽等于柱高的一倍。这是最稳重的比例，几乎是不会失败的。

中央正面部分与整体的和谐关系，可以用两根斜线表示出来，那就是正面方形基座的对角线，是与两翼建筑的对角线相平行的。两翼收头的宽度怎么决定的呢？自斜线的上端以直角画另一斜线，落地就是建筑的末端。

我不怕读者厌倦地来说明这些几何关系，因为谈欣赏必须知道缘由，才能深解。比如台博的圆柱是多立克式，柱身有凹槽线，为什么不到底？如果知道设计者调整柱身的比例，使凹棱部分的高度与其下

内观（台湾博物馆供图）

到地面的高度，约略呈黄金比，可能就更能体会建筑细致的美感！

边边角角都有典故

诚然这座建筑的美感贯彻到很细致的部分，是值得市民们细细品味的，因为今天已少有古典美的建筑了。这类建筑样样都要交代，门窗都有装饰收边，而且都是有典故的。

下面有限的篇幅让我们介绍一下内部的大厅空间。这是台博最华丽的空间，绝对值得多加逗留细赏。

最上面是圆顶透进的光所照亮的圆形彩色玻璃画，为同心圆图案，非常醒目。下面可以看到圆顶落在方形基座上的结构关系：圆形要经过"弧三角"才变成方形。线脚的装饰是很优雅的。目前的管理很好，有灯光把这里照亮，可以仰头观赏。

方形基座的下面是两排柱子支撑着的大厅。为了增加华丽的印象，设计者采用每边四根柱子支撑。柱子用富装饰性的柯林多式，柱头是一个花篮，再加上金色的串珠，显得十分高贵典雅。一圈柱子还不够，在外圈再加四根方柱，采用同样的柱式，创造了世上少见的柱廊式大厅。可惜柱子的黑色基座太高，一般观众很难有仰头欣赏的机会。

台南的武庙与大天后宫

　　谈建筑欣赏而不提传统建筑是说不过去的。一方面，传统建筑是我们自己文化的产物，岂有不美之理？再方面，我是传统建筑的维护者，早在几十年前就为古迹之美着迷，怎可不向读者介绍一番呢？

　　这里所提的台湾传统建筑，是指清代自闽南承袭而来的民间建筑，也就是用土埆、砖瓦与木屋架建起来的古建筑。既不是日本人来建的日式木屋，也不是战后国民政府所建的清式宫殿建筑。从审美的观点看，台湾传统建筑要比后两者高明得太多了，何况它还是本土的产物。

两座庙：外观与空间的互补

　　台湾建筑中最有特色的，是长条式的住宅与庙宇，尤其是庙宇，就我所知，这是中国大陆上不曾见过的。长条式是指建筑在闹市内辟建，受商业市街面宽的限制，只好向进深发展。中国建筑的传统本来是以院落为中心，所以向横宽发展才是原则。把一个在观念上横宽的建筑，挤在狭长的基地上，才会出现特色。

　　狭窄而进深大的住宅在鹿港还可以看到，相信清代的市街建筑，大都采此模式发展。可是相对地说，长条形的庙宇就不多了。因为一

大天后宫正门很气派，广场也宽敞

武庙全景

般说来，庙宇是公共建筑，且为民众的福祉而建，市镇会为公众的福利慷慨辟地，按照横宽的原则，建得富丽堂皇，宽敞大方。即使在鹿港，中型的庙宇都会有开敞的门面，不受街面之限。所以在台南两座最重要的庙宇——大天后宫与武庙，居然就是没有两厢的进深式的庙宇，不能不使人感到诧异了。

谈进深式庙宇之美，把大天后宫与武庙相提并论是有道理的。这两座庙相邻在一起，在外观与空间上有互补的作用。这种庙的美可大别为两部分：一是外观，也就是长型庙宇侧面与正面的美感；一是内部空间包被的美感。这两座庙，大天后宫包围在市街建筑之间，只有正面与内部院落空间呈现得很显著；武庙坐落在街廊的边缘，因此侧面完全呈现出来，毫无滞碍，是很难得的情形。武庙原是一座很雅致的长型庙宇，可是因为管理的问题，正面与院落都有不甚完整或过分凌乱的情形。

不需抬头，就可看到正面主建筑的全部！

下面让我们谈谈怎样认识并欣赏这类庙宇。

前面提到，长型庙宇的特色是没有厢房。因为基地太窄了，没有设置厢房的空间。一般说来，传统建筑的院落是横宽的，也就是进深小于面宽。这种例子很多，如彰化孔庙及一般住宅的院落都是如此。但是长型庙宇，由于厢房由两侧的走廊取代，院落必然呈纵长形。这两种比例不同的院落有何分别呢？答案是纵长形院落对于进入院落的访客，在空间感受上是比较愉快的。说得明白些，横宽的院落，使人很难掌握整个院落空间，必须不断地摆头才能大体感受到整体空间的

武庙院落

天后宫院落

组构。在大型庙宇中，索性把眼光集中在正殿上，忽视左右空间厢房的关系。在中、小型庙宇中，因为纵深太短，常无法看到正殿的全貌，只能看到它的前廊，对于敏感的空间欣赏者，不免有挫折感。这种例子实在太多了，不胜枚举。

可是在大天后宫与武庙的中庭，你没有这样的烦恼。跨进大门，你的眼睛可以很舒服地掌握光亮的中庭，感觉到自己是在一个安全而刻意经营的领域之中。你不需要东张西望，像进到家里的客厅一样的，有宾至如归的感觉。

跨在中轴线上向前看，你不需要抬头就可看到正面的主建筑的全部，自台基向上，柱子、匾额、斗拱、重檐、正脊，很舒服地进入你的视域。在院子里你看不到屋顶的侧面是很自然的，也不关心其外观，因为你已进到室内了，在院落与正殿之间并没有门窗，甚至大门也是常开的。

流畅与贯通是此种庙宇空间的最大特色。这种空间的美感直到二十世纪末，当代建筑创生之后，才在公共建筑上大量出现，在此之前只有莱特的住宅中可看到一些端倪。今天的大型公共建筑如机场，使用装饰性屋顶结构来完成空间之通畅感，大天后宫的院落上没有屋顶，它使用柱廊的韵律来达成。我们会顺着这些柱廊向后看去，看到遥远的尽头。天上投下的光线强化了这个与世隔绝的小天地。

两庙正门，都是重檐三间的格局！

重要的是，大天后宫的大殿前建了一座重檐的牌楼，作为访客观赏的主题，使我们进入院落并不感觉寒酸，会抬头向上，对它做无声的礼敬。这是一座妈祖庙，所以重檐下各悬一匾，高高在上的石匾是"海国同春"，下檐的木匾是"灵昭海国"。由于距离适当，这座牌楼疏朗的斗拱，脊、带上的泥塑都可以看得清楚。它的高度与横宽比例，相近于西洋的黄金比呢！

与此相比，武庙的中庭就弱了些。一方面武庙规模小得多，两侧廊子太窄，院落尺度近乎住宅，亲切有余，气度不足，使管理者在堂前放些盆栽当家里的院子使用。另方面，建庙时有意地缩短院落的进深，大殿前建了雨棚，大门后也加了雨棚，使得进深不足以看到正殿庄严的全貌，失掉了庙宇的神圣感。然而在空间尺度与比例上，武庙还是精致而优美的。不要烧那么多香就好多了。

大体上说，长型庙宇在建筑外观上比较重视正门。这是因为基地狭窄，大殿的气派施展不出来的缘故。以台南这两座重要古庙来说，

天后宫院落及牌楼

天后宫的正门

武庙侧面的感人之处：大壁一面红

正门都是重檐三间的格局。今天看来规模都不大，但在建造的清代，在低矮民房的围拥下，应该是颇有可观的。仔细地看起来，武庙的大门并不算重檐，而是双重正脊，强化三开间的结构的气势。相形之下，大天后宫的正门要气派得多，不但前面的广场比较宽敞，建筑的面宽较大，屋顶是真的重檐。这是台湾特有、大陆少见的做法，就是一间的歇山顶加在三间的硬山顶上。

武庙这堵外壁，给我的感动……

前述这种顶上加顶的做法，到后期的台湾，用得过了火，才产生今天所见过于装饰化的屋顶。在这里是大小比例最适当的情形。两座庙的正门都是台湾传统正门的典范。要谈外观，就不能不以武庙为经典了，因为这是长型庙宇侧面全面对市街展现的孤例。

武庙的侧面感人之处是一面红。我去过多次，每去时如手上有照相机一定会不自觉地留影，因为这壁面太动人了！台湾传统建筑之美，主要的基础是简单的、空无一物的面之美。林衡道生前不断地介绍这一特色，实在是因为后期台湾的建筑太繁琐了，太装饰化了，不免滥俗。相形之下，前期建筑朴实的白壁，予人以清爽、醒目的感觉，大面积的壁予人以无来由的感动。

武庙的大壁是红色，是经过特许的，故多了一份威严。这面特别长，是建筑的外壁与院墙连起来的缘故。武庙共三进，有两个院落，院与外壁连在一起，是只有长型庙宇才有的情形。由于这样的组合，使各进建筑的屋顶都伸出于同一个壁面之外，紧密地形成单一的构成，形成造型上强烈的对比，也予人强力的震撼。武庙这堵外壁所给我的感动，超过了我所看到的一切中国系统的建筑。

　　飘浮在上的一系列的屋顶是这份感动的另一主要原因。主殿是高大的重檐歇山顶，内院看不到，在外面却耸然天际。优雅的正脊曲线及燕尾与翼角起翘，勾画出壮观的轮廓，在南台湾的艳阳下，在红面上投下动人的影线，简单大方的斗拱像展览一样凸出壁外，清楚地呈现在人们眼前，只可惜过路的行人很少抬头观看此一美景。

　　这堵墙贵在系列屋顶的韵律感。量感较大的主殿在中央偏后，后院围低矮形成对比，再接高出的后殿硬山顶作为收头。向前则是主殿前的雨棚与高耸的前院围。前面的收头有一波磔，是大门与院落间的雨棚，在外壁上出现马背形屋脊，经此一顿，再上扬为饰有垂花的燕尾硬山。

　　这样的造型并不是建筑师的设计，似乎是神来之笔，实不多见。可惜的是，这样的景致并没有被衬托出来，它的前面永远停有汽车。

精致的火柴盒：剑桥国王学院教堂

　　在我的印象中,台湾人最不喜欢的建筑是方盒子式建筑,戏称为"火柴盒"。前些年对于台北市区建筑的批评,大都归罪于"火柴盒"。这类评语出自平民百姓,我也常听到出自达官贵人之口,可以说是上下口径一致的。

　　"火柴盒"是什么? 立体长方形也。这是最简单、最合逻辑的建筑造型。在人类的建筑史上,如果不计屋顶的形状,从地面上看,几乎每个文明民族的建筑都是长方形,中国的建筑文化中,长方形平面尤其是根深蒂固,数千年不变。原始时代的人类自山洞出来营屋而居,开始是圆形屋,开化之后渐渐使用长方形,因此长方形建筑是文明的表征。中国人的三间房子自汉朝就开始定调了,我们实在不应该讥笑这种人类智慧的结晶。

巴特农神庙是典型的火柴盒

　　问题出在屋顶上。明明是长方形的建筑,但是各民族的建筑,屋顶显著不同,大家习惯了以屋顶分辨建筑的式样,把长方形平面视为当然了。其实平面才是最重要的,屋顶只是建造时使用的技术与材料,自然产生的模样而已! 这就是为什么要欣赏建筑,必须懂一点结构原理的道理。结构,听上去是很深的学问，可是不用念书也可以懂得。试想欧洲古代所建的大教堂，都出于工匠之手，当时哪有人上过大学、念到结构学的博士学位？所以只要我们静下心来，略加思考，就懂得结构的基本道理了！

在北半球发展出的文明，大概都是在长方形建筑上盖一个简单的三角形斜屋顶，用木架做成，可以防雨雪。到后来，慢慢加上些象征性的装饰。欧洲的木屋架与中国的木屋架做法不同，形成建筑文化的基本差异。欧洲的比较容易了解，是人字形，中间用一横杆拉着。

文明民族的另一共同发明是石拱，就是用石块砌成圆形的拱门。可是这个发明，不论东方、西方，开始时都是用在地下的，因为它坚固，可以承重。希腊、罗马是用来砌水道，中国则用来砌坟墓。到后来，西方人因高大的木屋顶教堂常被雷火烧毁，才把石拱用在屋顶上，形成建筑技术的大革命。可是石拱屋顶上面还是需要一个木架，用来排除雨水。

话说回头，略加认识屋顶之后，就会发现建筑史上最重要的建筑，常常就是简单的"火柴盒"呢！西方世界最受推崇的建筑，是古希腊建于相当于孔子时代的巴特农神庙。它是一个扁平的"火柴盒"，上面加一个三角木屋顶。在干燥地区的古埃及的后期，相当于中国的秦汉时期所建的小型庙宇，玛米西神庙由于不需要木屋顶，是典型的"火柴盒"，其美感不下于巴特农，可惜少为人知。到了欧洲的中世纪，大教堂建了不少，但是最可贵的，反而是精致、简单的火柴盒式的小型教堂，其中有一座就是我要在本文中介绍的剑桥大学的国王学院教堂。

国王学院教堂：历史上最早的骨架玻璃建筑

一九六七年的夏天，我自美启程过欧洲返国任教，先到了伦敦。

只停留了一个星期，匆忙地看了些重要的史迹，但忘不了抽空到牛津、剑桥一游。这两校是英国建筑史的宝库，但校区很大，无法遍游，也无法细看，只能择其要者浏览一番。这两校以名气论是相当的，牛津在政治上优先，所以略占上风。但在国人的心目中，剑桥的意象比较鲜明，与剑桥有一条剑河穿越校区不无关系。这也是我在规划台南艺大校园的时候，决定在校园中心做一条河的原因之一。所以我在匆忙中到达剑桥，就直奔这条著名的剑河来了。

河是蜿蜒穿过，可以划船，除两岸风光外，有几座桥可看。但对观光客提到剑河，大家都知道是指国王学院边的草坪河岸。真的，在这里才有足够的空间欣赏这些中世纪学院建筑的美。

就在这草坪广场的一角，可以看到一座细细高高的门面，有点熟悉的感觉，近前看，原来就是在英国中古建筑史上颇有名气的国王学

精致的骨架玻璃建筑：国王学院教堂

院教堂。不用说，我里里外外走了一遍，留下了几张照片。可惜保存不良，大多坏掉了。

一九七四年，趁在美国教书结束之便，到伦敦停留了一个多月，并乘机再去剑桥一游。这一次停留时间多些，走了很多学院，当然又去了国王学院教堂。我深深感觉到这座小教堂真正是英国中古建筑冠冕上的珍珠。

这座教堂建造于十六世纪，十七世纪才完工，是英国中古晚期的建筑，历史上称为"垂直式"。大凡一个时代晚期的建筑都是在技术上非常成熟的，趋向于装饰。中古的哥特式建筑开始于十三世纪，到了十五世纪已经过熟；其实法国的哥特式到了十三世纪末已经装饰得过分了。可是英国哥特式的发展有一点奇特，它的十四世纪建筑称为曲线式，确实使用很多线条，配合着拱的曲线，因此也被称为装饰式。可是到了十五世纪却有了转折性的发展，开始完全用直线，所以也被称为直线式。这两者的分别何在呢？

装饰式不但是正面多了些雕饰，窗子上多了些曲线的花样，拱顶也出现星形的图案，也就是说，在外观上显得感性多了些。垂直式则因不甚明白的理由（也许因为已到了文艺复兴的时代吧！），恢复了理性，开始强调垂直的线条，开门开窗，重视高大爽朗，框子以细长为尚，除了拱的上部非用曲线不可外，一律直线。为什么直线就代表理性呢？因为哥特式是石砌的高大厅堂，砌成垂直的柱子，柱与柱间嵌上大面积的彩色玻璃，在结构学上是最合理的。

这是当时的匠师体验出来的智慧。这也是二十世纪现代主义的建筑师，以钢骨与玻璃建造大型建筑的原因。所以我们可以说，国王学院教堂是历史上最早的骨架玻璃建筑，比纽约的林肯中心早了五百多年。

建筑的韵律之美

让我们仔细欣赏一下这座教堂。

国王学院教堂的正面符合简单、合理的美的原则。两边为两支八角形的塔柱，前后共四支，有稳定结构的作用，同时，三分之一高过屋顶，最上面有皇冠式装饰，象征这里是一座教堂。正面两座塔自基座之上，每约两层楼高就有一条横线，像竹竿一样，予人稳固挺拔的感觉。两塔之间是一块巨大的彩色玻璃窗，用直框子支撑着。大玻璃

教堂正面广场

窗的下面是一个石屏风，中间是教堂的大门。大玻璃窗与石屏风的高度比例，非常接近黄金比，所以看上去匀称美观。（黄金比原是古典的美学，中古匠师不学而能，可见它是人类的本能。）

同时，国王学院教堂也合乎空、实对比的原则。大玻璃窗的拱是略见扁平的都铎（Tudor）式拱，不尖、不圆，显得平和、近人。最上面是钝三角顶，小小的十字架与透空的十字屏，暗示了建筑的属性。

教堂正门屏风

下面石屏的大门上的国王标章，是这建筑外观仅有的装饰。

走到院子里可以看到它的侧面，是由十二个柱间组成的，柱间都是同样的玻璃窗，是很简单美观的韵律。柱子上面都是小尖塔，然后是屋顶的封檐。在这里可以看到中世纪建筑的特色：石拱壁。从侧面看，按照结构上轻下重的逻辑，自上而下，共分五段，愈下面愈凸出，到了地面，柱子就变成墙壁，成为室内周边的一圈房间，同时也有在心理上稳定结构的作用。

适当的扇形拱顶

室内的空间，也是英国中古建筑的重要作品，在这里特别要谈一谈国王学院教堂的扇形拱顶。

十五世纪的建筑既然已去装饰化，回归简洁的结构理性了，为什么到了国王学院教堂，抬头看去，拱顶是那么漂亮的扇面装饰呢？

原来哥特建筑的学问十之八九与拱顶有关。早期的哥特只用筋拱，是柱间石砌尖拱为骨架，中间砌石填起。技术成熟了，就在拱上出花样，用筋做出各种图案。这种做法在英国、德国，甚至法国南部都流行着，只是繁简不同，英国的装饰式拱顶特别繁复。我们略过专业的知识，只简单地说，拱顶结构是匠师们发挥天才的地方。

到了理性的垂直时期，建筑体上不再装饰，匠师们就把精力完全发挥在拱顶上了。可是这时期的拱顶的图案已经与结构无关，这时的拱顶已进步到薄壳结构了，匠师的技术与二十世纪的结构工程师可以连上关系，只是特别难施工而已。拱面上的图案是一种平面设计，呈现美丽的造型，也突显合理的结构。这种扇形拱顶，以威斯敏斯特的亨利七世礼拜堂为最华丽，牛津教堂也很花巧，但以国王学院教堂最为适当，令人感奋而不觉怪异。

仔细欣赏，在简单的长方形中，这是一个聪明的、组织紧凑又富于韵律感的图案。倒漏斗形的造型，实际上是符合结构原理的，说明了是由柱子支撑屋顶重量。扇子的表面虽然繁复，但以扇骨为经，圆弧为纬，构成具有音乐感的设计，而不失力感。这真是值得大家驻足流连的"火柴盒"。

如果你有机会到剑桥，千万不要只去剑河划船，一定要到国王学院教堂走走！

教堂内部的扇形拱顶

凡·德·罗：钢骨玻璃之美

二〇〇八年八月初，匆忙到美国走了一趟，除了把外孙护送回去，交给女儿之外，还顺便去看了几座中、西部新建的美术馆。世界在改变中，我虽老迈，仍然想抓住时代的尾巴，希望了解年轻建筑师的想法与做法。由于担心身体支持不住，还拖了儿子陪我，想想真是何苦来哉？

自旧金山到了丹佛，对于这位居美国西部中心的山城，我在心理上几乎要放弃了。去丹佛是看市政中心附近的文化广场边的新建美术馆。文化广场上最大的建筑是若干年前，后现代式样流行时，一位建筑名家格雷夫斯所设计的市立图书馆。

如果以我这个老眼看来，把图书馆设计成圆桶、方块、三角形的组合，用粉红、粉橙、粉蓝等装扮起来，虽仍有些学院味，已经很风骚了。可是与新建成的以箭头般、近乎45度插入天空的美术馆新厦比起来，已经完全不显眼了。我得到的初步结论是：当代建筑是纯感性的，其目的就是抢眼。为达到此目的，牺牲环境的和谐与美感也在所不惜。也可以说，他们已不在乎传统的建筑美感了。

由于这样的、有些低沉的心情，终于到达芝加哥时，看不到怎么前卫的建筑，我才松了一口气。这里是密斯·凡·德·罗的"故乡"！

火柴盒的学问

这位凡·德·罗先生（Mies van der Rohe，1886—1969，下文简称密斯）是现代主义时代最有影响力的建筑家之一。他是荷兰人，到德国成名，后来被纳粹赶到美国去，被芝加哥的伊利诺伊理工学院（IIT）接纳，担任建筑系主任。如果他一直留在德国，可能只是一位著名的建筑师，可是芝加哥是世界高楼的发源地，他到这里就得其所哉，恰好把自己在德国构想却无法实现的建筑，与早已存在的芝加哥学派接上，一拍即合，发展为世界性的钢骨玻璃建筑的风潮。你到世界各地看到的钢架子镶玻璃的匣子式的大楼，都是他的徒子徒孙的作品。

密斯认为，这是新时代的材料与技术所发展成的"最终"形式，也就是已经到顶了。他恐怕没有想到不过一世代，就有东倒西歪的建筑出现吧！

对于一般人，钢骨玻璃盒子恐怕谈不上艺术或美感吧！其实不然。真正懂得美感的人就要从最简单的"火柴盒"的欣赏开始。而这位密斯先生是专造"火柴盒"的专家。"火柴盒"的学问在哪里呢？

这要分别从大处与小处着眼。

先说大处。这是从欧洲的古典文化中承袭而来的。古希腊与罗马最受尊崇的建筑是神庙，而神庙没有什么太多花样，外观只是一个上有斜屋顶的"火柴盒"。这些石砌的神庙四边都是一排柱子。为什么这样一个简单的外观被视为伟大的艺术呢？奥秘之处在于比例，英文称为"proportion"，有一位学者译为"权衡"。这是说，建筑的高低与宽窄间，柱子的粗细与间隔的大小，要求适当，必须微调得好。这几句话说来容易，做起来就难了。何谓适当？怎样微调？需要学养的功夫可大了。适当就是达到古典美的标准。有了敏感的美学素养，才知道微调之道。

密斯先生认为古典庙宇的比例都不相同，说明比例不一定在权衡、寻找美的极致。也可以利用比例来表达不同的感觉。比如柱子细长就有轻快的感觉，粗重就有庄严的感觉。梁薄就有飘逸的感觉，厚就有敦厚的感觉。比例的感觉如果掌握得好，建筑表达的感觉是千变万化的。虽然只是一个"火柴盒"，可以说很多不同的故事呢！

再访伊利诺伊理工学院

大处在美与表现方面，小处在哪里呢？小处就是建筑构造的细节。在古希腊时代，细节也很受重视，但密斯先生的注重细节，是从欧洲中世纪建筑承袭而来的。以德国为中心的日耳曼族自中古以来就重视工艺，有匠、艺合一的传统，与我国看不起匠人是大不相同的。没有他们的工艺传统，精致的后期哥特式建筑是不可能那么精彩的，现代工艺的机械精神与后来的建筑与工艺学校"包豪斯"也不可能产生。

注重细节就是把构造细节当艺术看。中国建筑中有一种构造称为斗拱，就是来自建筑的构造细节，可惜后来变成装饰了。一个很巧妙的接头，对于细心欣赏的人就是一件艺术品。所以现代艺术史上有所谓"构造主义"之说。这是作为中国人最容易忽略的美感。

言归正传。话说我们八月初到了芝加哥，原是打算找些前卫建筑的，没想到除了在美术馆附近的公园里建了一个破铝片舞台及一座蛇形桥外，基本上仍然是横平竖直的老芝加哥。像样的当代建筑只有在伊利诺伊理工学院有一座学生活动中心，因此我们就直奔他老先生的"老家"去了！

在一九六四年，我初到美国，去哈佛读书，途经芝加哥，一位成大同学陪我参观过伊利诺伊理工学院，因为此校不但是密斯在美国的老家，而且还是他所设计的校园：全校十数栋建筑全出他手。当时年轻，不知打听他为何如此幸运，既在该校教书，推广自己的建筑理念，又得到设计校园的机会，包括教堂在内。当时的伊利诺伊理工学院，是世界上最纯净的校园，全是"火柴盒"，各式各样的钢骨框框，必要时加上砖墙。为了与一般砖墙区别，他用的是淡色的黄砖。

这次再次来到伊利诺伊理工学院校园，当然是看那座当代的学生中心。内心不免想再访密斯的老建筑，看它们对我仍有感动力否？我很好奇，这一代的校长为何要弄一座全不搭调的活动中心来破坏原有的极端的宁静呢？在该校读博士的郑同学告诉我，新建了这座活动中

作者和友人在伊利诺伊理工学院

心，大一新生的报名率提高了很多。原来一座古怪醒目的建筑，在美国还有招揽学生的作用呢！

但是我真的不能欣赏这种突变，就在新建学生宿舍的对面，找到了我一直记挂的建筑系馆：克朗馆（Crown Hall）。见它风采依旧，而且已经是内政部指定的历史建筑纪念物了。

克朗馆的结构之美

克朗馆是密斯在伊利诺伊理工学院校园中设计最用心思的一座。由于是建筑系馆，他同时是使用者，可以随他的意发挥，所以最能清楚地表达他的建筑理念，成为他一生事业的纪念碑是理所当然的事。我站在它的前面，四十几年不见，仍然使我感动，使我为它严格的古典美学感到震撼。

这座建筑是一个简单的长方形盒子，四面很近似。由于只有一层高大的绘图房，及挑高的地下层，所以是扁平的。如果用一般的眼光来看，它只是一个钢骨玻璃的厂房而已，无法看出其美妙所在。

向仔细处看，可以看出它是中间无柱的大厅，屋顶是由大跨距钢梁吊起来的。吊，意味着梁在上面，楼板在下面，因此梁与柱都是建筑外观的一部分。自正面看，高出屋顶的一系列梁头成为正面视觉节奏的框架，自侧面看，梁身的高度增加了外观的纪念性。整个建筑的钢材都上了黑漆，是伊利诺伊理工学院校园建筑的统一色调，简单而庄重。

看它的侧面，发现它的美在于钢材的组成。水平方向，在上面大梁悬吊下是支承屋顶的横梁，及接近地面的支承地板的横梁。垂直方

伊利诺伊理工学院克朗馆

向，大梁之间分割为六片，除了大柱外，柱间加了五根小柱。这样水平、垂直的结构元素形成外观的架构。在小柱之间，于一般建筑高度处加一个横框，使里面很清楚地分为透明的上部空间与略有隐蔽性的活动空间。加上地板梁下面的地下层采光窗，就是三层玻璃面，下面的二层又加了一只直框，使视觉单元由大小五块玻璃组成。

我这样不惮其烦地说明正面梁柱的构成，是因为这是建筑家的审美思考落实的方法。外行人要欣赏这样的建筑，必须自这些基本构成开始了解。如果连这一点耐心也没有，就不必谈建筑欣赏了。从这里开始，我们可以自大处看到它的线与面的组合与比例；自小处，可以看它怎样把结构建材结合在一起。这些都是密斯最用心的地方。

比例的神秘力量

说到比例，密斯与柯布西耶（Le Corbusier，详见本书"凝固的音乐：廊香圣母堂"一章）是不相同的。柯布西耶认为比例就是数字的演作，所以他推演出一套黄金尺的理论。密斯同样认为比例是美的奥秘所在，却不相信纯数字的理论。他并没有说清楚他的依据，认为比例是表达的工具，自有其神秘的力量。用中国传统的说法，就是"只可做，不可说"。

我个人的解释是比例不只是线段问题，用在建筑上就产生音乐中韵律的效果。每一个墙面垂直的单元就是一个和声，整个建筑的立面就是反复的节奏。和声是由两个潜在的秩序完成的，一是直角的关系存在于屋顶线与地板线之间，一是横框的位置恰在中间，亦即其上高度略等于其下的高度。这一点，未必是密斯的原意，却是在无意识之间做到的。

霍尔：罗耀拉纪念教堂

　　我生性保守，所以在前卫的当代建筑中，很少有我非常欣赏的作品。并不是我不喜欢它们的造型：有些作品的造型确实很动人，但是在我看来，那是雕塑艺术，不是建筑。

　　勉强把建筑做成雕塑，会混淆了这两种艺术的原有的精神，对两者都不是好事。对雕塑的影响暂且不提，它对建筑至少带来两大困扰。第一是建筑内部空间与功能需求无法吻合，常有削足适履之感；第二，雕塑体过分庞大，对都市空间形成压力，破坏建筑群的和谐。而自古以来，合乎功能与周遭环境的和谐共处，都是建筑的重要原则。前卫建筑师要造反，我们能容得他们任性乱来，还要夸他们有创意、领先时代风格吗？

那是教堂，不是仓库！

　　并不是所有的前卫建筑我都反对。前卫的形式符号是歪斜，是锐角，是反垂直与水平。在逻辑上，这就是不成道理的，不过是标新立异而已。可是在一个瞬息万变的时代里，我们已经不能拒绝标新立异，只要看着顺眼，我们就应该敞开胸怀欢迎它们。看多、看惯了，变成流行，

罗耀拉纪念教堂

就可以理所当然地接受。盖里在西班牙毕尔巴鄂古根海姆美术馆上的大铁罐，不是已经被全世界接受了吗？

我能接受的底线是，形貌的新与异，不可破坏上文中的两个原则：要与建筑的功能相合，要与环境协调。也就是可以变，却不能疯狂。这样的当代建筑能找得到吗？答案是找得到。在二〇〇六年的年底，我由女儿陪同，到西雅图一游，就发现了一座纪念天主教耶稣会创会者罗耀拉的小教堂（St. Ignatius Chapel），是合乎这个原则的。他的设计者是霍尔（Steven Holl，1947—　）。后来我又看到他在密苏里州的美术馆，使我感觉他是我最欣赏的当代建筑师。

北国的冬天日光时刻很短，我到西雅图已是下午，女儿在机场接到我，开车转了一下，到西雅图大学（Seattle University）一带，太阳已经西下，找到这座教堂，已是在暮色中了。它完全没有教堂的样子，没有传统的象征，如果没有建筑的背景，会认为它是一间仓库。所幸设计者没有忘记最重要的符号：一个高高的带有十字架的柱子，竖立在水池的前面。它似乎在宣示：前面的那座仓库是一座教堂！

建筑的外观是一个朴实的方盒子。墙上原本爬满了常春藤，冬天落叶后，显露出浓密的网状枝蔓。它的当代性在哪里？在它的屋顶上。自停车场望去，屋顶上似乎多出一些东倒西歪的馒头样的突出物。它既没有教堂该有的尖顶，也没有大玻璃，令人纳闷霍尔玩些什么花样。

哥特式教堂的光之美

自现代主义盛行以来，教堂就是建筑上的重要议题。教堂原是

墙上爬满常春藤的教堂建筑外观

西方社会的精神之所系，基督教是西方文明的主要内在力量。但现代主义在本质上是以科学精神否定宗教信仰价值的一种运动，面对宗教建筑，总有一份犹豫而不知所措的感觉。现代社会中宗教信仰的虔诚度降低了，因此在美国社区中的教堂，已无法与欧洲古市镇中的教堂相比。但是宗教仍然活在大家的生活习惯中。美国相对于现代欧洲，反而是保守的，守护着基督教信仰，所以美国新建的市郊社区几乎都少不了教堂建筑，作为他们周日礼拜之处，以及生死婚嫁典礼的场所。

没有真心信仰，只在生活习惯上存在的教堂，应该是什么造型呢？二十世纪曾有不少的著名建筑师以各种方式尝试过。基督教有很多派别，除了新旧之分外，新教中又有不少的派，但核心信仰并无不同。因此教堂建筑总是以哥特式为原型来发展。尖塔的意象最为普遍，所以万变不离其宗，大多数的新教堂若不是把教堂做成尖塔的样子，就是在教堂的前面竖立钟塔。

哥特式建筑是以拱顶结构为基础建立起来的，后世以其结构的真等于造型的美，认为真与美的结合才是宗教精神的实现，所以现代建筑中比较著名的教堂都是走结构美的路线。而最标准的造型是三角形的量体，上面加十字架。

可是哥特教堂中另有一种高尚的品质，比较少为建筑师注意到的，是它的光线。中世纪建筑并没有主动地创造光线的美感，因为它基本上是骨架建筑，使用的玻璃面比较多，为避免眩光，才发明了彩色玻璃。他们利用彩色玻璃一方面降低了室内的亮度，一方面把它绘成宗教故事，可以传播宗教信仰。哥特建筑之室内柔和而又神秘的气氛，实在是彩色的光线所形成的。

这哪里是教堂，是一个魔幻光盒！

现代建筑的大师中，当然以柯布西耶最清楚地注意到光的神秘气氛。他在廊香圣母堂中的光线处理手法，我们早已介绍过了。其他建筑师或多或少都注意到光线的重要性，但极少以光线为主题所设计的教堂。二〇〇八年在台北世界宗教博物馆展出的麻省理工学院的圆形教堂，也许是少数着眼于光线的教堂设计之一，但它缺乏的是彩色。这也难怪，现代主义的色感是黑白的。

西雅图大学的教堂，霍尔是创造了一个以彩色光线的变化为主题的，无声的音乐盒子。在外貌上那些很难理解的怪馒头，有些当代的怪异感，却是一些采光的窗子。在现代主义的后期，有几位著名的建筑师，如路易士·康，或路易·赛特，都喜欢屋顶的间接光线。他们用的方法是平屋顶上升起一个采光突出物，选择适当的一面开窗。这种采光塔为了反射光线，外观上总是弧形的。霍尔的采光塔与这些前辈有所不同的，只是在现代的作品中，塔是整齐排列的，形状也很几何化，霍尔则做成大小不同、方向有异的一组，令人很难在外观上理解而已。

为什么突出物的外形要这么怪异呢？到了室内就了解了。这座教堂在格局上是长方形，如照一般的习惯，信徒们总是面向远处短边的神坛而坐，所以要自正中央进去。可是在这里，教堂的大门是偏在一边的。信徒们自一边进去，经过穿堂，进到大厅，还是靠墙边，一时有找不到神坛的困难，然而立刻为室内不易掌握的光影变幻所吸引。

这哪里是教堂，简直是一个魔幻光盒！又很像一个无声的音乐盒。原来突出屋顶的采光塔是为了创造室内不可捉摸的光线而设计的，玩光线的游戏玩过头了吧！

教堂内侧十字架与光影变化

建筑师，能用人的手创造神的意念吗？

心静下来，慢慢可以理会光线与空间的关系。原来这里的神坛在长边的中央，并没有特别突显，只是在光影上有特别的处理。细看座位的安排，原来是呈扇形面对着神坛。是的，自从"后现代"以来，前卫的建筑师就不喜欢长条形的安排，他们喜欢圆形、半圆形或扇形。因为扇形是以演讲者为中心，而不是那支十字架。

对神的信仰，在这里幻化为彩色光线的戏剧。

为了强化光线的戏剧性，礼拜堂的灯光对比于门厅是暗淡的。天花板是弧线平缓的拱顶的形式，在神坛的位置高出一些，形成空间的

牧师面对的光影面

变化。天花板造成的空间的变化实在太多了，使你无法掌握结构的关系，只能为它光影的戏剧所吸引。天光自神坛的上面照射进来，用一块特别设计的方板挡着，强迫光线自四边绕射，挡板的后面涂了淡淡的蓝色，墙壁上涂了淡绿，当光线漫射进来照亮十字架的时候，有强力的神意的暗示，也有柔和的仁慈的感觉。与神坛光亮的对比下，信徒的座位几乎是在阴影里。

除了中央以神坛为中心的部分外，顶光在厅堂的各个角落，以不同的方式投射出较和缓的光影。色彩大多是暖色的，反光板使用较大型的曲面，以层次感来形成变化。在信众座位的背后，面对着神坛，也使用了冷色的遮光板，使沟通的牧师面对着一个对比强烈、造型明确的光影面。这是为了激励讲道者的使命感吧！

这间耶稣会的小教堂，在大厅中，除了十字架与光影变化外，没有看到其他的象征。只有在讲坛的一侧，在阴暗之中，站立着一尊圣罗耀拉的陶制立像。简简单单，便塑造出如此动人的光影空间！

自教堂走出来，我的心情有些兴奋，又有若有所失之感。建筑师能用人的手创造神的意念吗？在木造的大门上，霍尔凿出了七个散落的、形状不一的椭圆开孔，再度使人陷入不可理解的遐思之中。这是什么？这就是二十一世纪的宗教的意象吧！

天色已经晚了，我还是坐在水池前面，要女儿为我与这外观平平的教堂合影留念。

颠覆现代主义美学：
哥伦布小镇上的消防站

　　四十年前，在我初回台湾任教的时候，由于尚未决定是否长期在台定居，所以每年暑假都要到美国一趟，以保留在美居留权。当年飞机票相当于大半年的薪水，每次去美国一定要安排些参观，才觉不虚此行，因此使我有机会走访美国各地，亲身体验一些著名的建筑作品。

　　有一年，我们决定去美国中部拜访在普渡大学教书的长辈，徐贤修教授。当时我们去拜访他，主要因为在离普渡大学不远处，有一座不起眼的小镇，名为哥伦布，是建筑界颇负盛名的地方。想借拜访他的机会，弯过去看看。

　　这个被称为哥伦布（Columbus，Indiana）的小镇为什么有名呢？因为在一九六〇年代出了一位有魄力有见识的市长，在快速发展的时期，邀请当时最有名的建筑师，设计了一系列的建筑物，没有几年，就把这个偏远的小镇变成了一座建筑博物馆。这些建筑师也都能发挥所长，尽量地表演，不负所托。

　　最近几年在中国大陆，自北京的"长城下的公社"开始，也在推动名家建筑展之类的活动，以发展观光，其实是有所本的。哥伦布是早年成功利用建筑的例子。

非理性的造型理论

在哥伦布颇为精致的建筑中，有一座建筑最负有国际的盛名，是规模很小的构造物。那就是文丘里（Robert Charles Venturi, Jr., 1925— ）所设计的消防站。我决心要去哥伦布，多少是受这座建筑的吸引。区区一个消防站有什么吸引力呢？且听我慢慢道来。

自一九六〇年代开始，建筑界面临思想的大地震，那就是"现代"建筑受到批判，出现所谓"后现代"的观念。我隐隐觉得这是受到一些共产思想的影响。谈理论，大家不会有兴趣，我只能简单地说：带点学院味道的，重理性、讲品位的现代建筑，被认为没有考虑普罗大众的需要。大众所喜欢的、社会所需要的被忽视了，因此产生了学院与人民间的鸿沟。同时，现代建筑师只向前看，没有顾及到人民与日常生活环境间的感情。这时候，文丘里高举反叛的大旗，提出非理性的造型理论，主张外观的矛盾与含混，一时哗然。他的代表性作品之一就是这个消防站。

在带领各位欣赏这个作品前，我要先说明现代建筑思想的重要原则中几个很简单的铁律。现代思想中最重要的建筑观，是形式与功能应相契合，就是室内的用途与外观互相说明。其次是形式与结构要互相应和，也就是说，外观是结构力学逻辑的产物。所以最高的成就是形式、功能、结构完全契合所得到的美感。做不到，至少要符合两个原则之一。这也是现代建筑的两大体系的分野：前者是功能主义，后者是结构主义。

可是在现实世界中，一般人何尝去理会功能是否与外形配合？何尝懂得结构学？在他们看来，好用与好看是两件不同的事。一个合用的房屋未必好看，为了好看，可以加以化妆。如同一个善良的女孩子，生下来不漂亮，难道不能用人工妆点吗？要脂粉何用？至于结构，原是在里面的骨架，除非安全有了问题，何必理会它？在一般人看来，建筑用什么材料，什么结构，与外形何干？美观与否是个皮囊，套在骨架上就是了！所以现代建筑痛恨的假古典或巴洛克建筑，在大众眼中完全是可以接受的，甚至欢迎还来不及呢！这就是今天还流行巴洛克的原因。

说到这里，让我们看看这座消防站吧！

建筑背面的设计

这是一个只有两部救火车的停车库，其他都是附属设备。小镇地广人稀，停车库是个两面开口的棚子，救火车绕到后面开进车库，有火警时就直接自前面开到马路上，不必倒车。除了车棚外，就是救火员们住宿的房间，是向后面开窗，他们自己的车子也停在后面。面向大街的是办公室与休闲室；没有火警时，他们要长期等待吧！这是一个功能极简单又平凡的建筑物，然而作为一个经典建筑，值得重视之处在哪里呢？要怎么欣赏它呢？

世界上被众人欣赏的东西都是精彩与亮丽的。平凡的事物遍地皆是，大多不为人所注意。而平凡的美并没有刺激感官，使我们眼睛亮起来的力量，只有直接与之相关的人在生活中感受到它的温馨。如同一个相貌平常的人，只有与他常接触的人，才能体会到他的温柔可人的一面。文丘里主张平凡，主张感性，他所设计的建筑给我们的困难是，我们都不是使用这些建筑的人，无法自日常中感受到它的美。它要怎样吸引我们呢？

文丘里虽然放弃了建筑的原则，却不能放弃表面设计的原则。他必须承认，他的表面设计也不一定是民众所理解或接受的。所以我还是要代他向读者解释，以便肯定这个作品的价值。

消防站自前面看与自后面看完全不同，好像是两栋房子，他有意地强调表面性，放弃学院派的建筑造型原则。先看后面：它是高车棚与低宿舍的拼凑体，远处是圆形的瞭望塔，组成一个平凡但和谐的画面。外观很低调，因为建筑是用红砖砌成的。这里有什么特别呢？是没有结构的感觉，很像老百姓的纸板屋。后面共有四个开口，一个是车棚

消防站背面

进口，三个是较小的窗子。如果是红砖砌成，为何砌成这些开口呢？尤其是那个跨距很大的车库开口！

建筑师通常不会用红砖砌过大的开口，因为砖块只有用圆拱才能做大型门窗。开口小些可以砌平拱。所谓平拱是指在窗框上用砖直起来砌，同样使用向左右挤压的力量支撑起来，不会压弯细小的窗框。在这里，文丘里有意地用砖做外装，却不用拱，让我们感觉砖块是没有重量的。这里如果是真的砖结构，车库顶可能会垮下来了。因此我们判断，建筑看上去是砖砌，实际上砖只是外装而已！因为在外观上这里的砖似乎完全没有重量！

现代主义的建筑师在使用红砖外装时，为了使过大的开口看上去稳固，在开口处使用混凝土过梁，承载开口上面的红砖。外观因此有很清楚的结构承重感。可是这种交代得一清二楚的感觉正是文丘里所不要的，他就是要我们产生含混不清的感觉。因为在他看来，生命随遇而安，这个世界原本就是没有逻辑的。理性的美感并不存在。

建筑的正面就是招牌

了解其后面的外观设计原则，再回到它著名的正面，就容易理解了。消防站是公共建筑，需要有一个引人注目的正面。因此不能完全依照功能作为外观。前面是车库、瞭望塔、办公室等的拼合体。塔在正面发生了标志性的作用，上面写着消防站的字样。可是车库高，办公室低，缺乏平衡感。为了使正面显得大气些，文丘里毫不犹豫地做假，把左边的办公室外墙提高到与车库的屋顶同高。自正面看，以为建筑的屋顶是平直的，中央突出一个高塔，傲然地俯视着安静的小镇。然而你

消防站正面

看到的不是建筑的原貌，而是一个大招牌。文丘里认为，建筑的正面就是招牌。

为了强调这一点，文丘里要与传统的现代建筑划分界线，他做了一件一般建筑师不会做的事，那就是在红砖墙上涂上白色的油漆。建筑师强调真实，招牌是志在引人注意，不是要证明什么真实。在美国城市的老开发区，大多是砖砌的建筑，由于年岁久了，砖常有风化的现象，民众毫不犹豫地用油漆来保护砖面。在一些砖墙上，他们为了做广告，先漆上白色作底是常见的现象。因此红砖上漆白色为底是美国常民文化现象。这正是文丘里所鼓吹的。

他要证明常民文化可以用在高级艺术上，只在正面上白漆，而且

消防站侧面

保留了两侧的红砖，以便使观众辨认这原是一面红砖墙。这个面是白漆、开口、红砖的组合，白漆是统合一切的要素。他没有把国旗放在塔顶，而是另立旗杆，以显示这个正面的独立性。

自右侧面看，这建筑确有怪怪的感觉。正面招牌的意味更为明显。可是你一旦接受了"正面原是一个招牌"的观念，就觉得这是一个颇能引人入胜的设计。正面上的这些要素，包括一个车库开口，一个进入高塔的门，一块水平长窗，一个大型的方窗，毫无秩序地排列着。这样的乱，象征着生命的现实。建筑师会设法把它们排列得整齐些。可是"后现代"的观念不是这样，要在紊乱与繁复中寻找美感。他的解决办法，就是使用白漆把它们统一起来，成为一个崭新的形式。他成功了。

问题是：文丘里在紊乱之美的成功是不是溢出或推翻传统美感的法则呢？他并没有。他成功地利用紊乱中有统一的原则来说服我们，这是另一条寻求美感的途径，而且因此为一九七〇年代以来的建筑美学开辟了新的领域。

陈其宽（或贝聿铭）：东海大学路思义教堂

　　在台湾的建筑中找名闻世界的作品并不容易，民贫积弱曾是主要的理由，如今富有了，似乎只能以"世界最如何如何"来吸引大家的目光。以设计取胜为世界建筑界知名者如凤毛麟角，确定有此水准者，恐怕只有一个，那就是台中私立东海大学的路思义教堂。

　　路思义教堂建造于二十世纪六十年代初期，恰巧在我初次服务于东海建筑系的那几年，可以说看到它拔地而起，当然也知道一些设计过程的恩恩怨怨。它的著作权，至今在贝聿铭与陈其宽两位先生之间，弄不清楚。陈先生认为是他的作品，贝先生则一步不让，至今坚持。

东海路思义教堂

陈其宽拍板以钢筋混凝土造教堂

在陈、贝两位先生的争执中，我站在陈先生这边，因为那几年我看到陈先生为它操劳，为它筹划，督导营造厂完成其事，没有看到贝先生来过，直到建筑落成。贝先生一生建筑事业如日中天，没有见过其一栋有曲线的建筑，近几年在苏州建的博物馆也没有一点曲线。而陈先生在台湾盖了些简单无名的建筑，却常常使用同类的曲线。

在东海校园的计划中，贝聿铭定了主轴，确定了建筑的风格，也定下了教堂所在的位置。一所基督教大学，教堂是校园的中心，当然是最主要的建筑。这就是牛津与剑桥校园里，每一学院都附有一座华丽的教堂的原因。东海是设立在台湾的基督教会大学，校园又是三合院组成，教堂与校园的关系怎样相搭配，是一个难解的问题。在教学

教堂外观（东海大学建筑系阮伟明老师拍摄提供）

区与宿舍区之间留一片大空地建教堂，是颇聪明的解决之道。

可是到一九六〇年代初，那座教堂还未见踪影。为什么校园已大体完成，而不建教堂？一说好像是纽约的联合基金会没有足够的经费，一说是设计一直没有完成。然而我们看到陈其宽画的全校透视图，那座教堂已经在那里了，只是要怎么盖，似乎还有疑问。贝先生建议用木造；陈先生所画的一张透视图，也暗示是木板条造的。而当取得经费，真正要进入实施阶段的时候，陈先生才决定使用在台湾比较习惯的钢筋混凝土造。

像似鸭蛋的壳形结构

这座教堂有三个基本性质：其一是非常简单，其二是非常理性，其三是非常中国。

基督教堂是西方世界最重要的建筑形式，代表了欧洲的物质与精神文明最尖端的成就。它的基本形状是长方形的讲堂，自短边的一端进入，中间是座椅，另一端则是神龛与讲坛，是放置十字架或神像的地方。这种建筑为了赞扬上帝的伟大，空间是高耸的，外观也是高高地指上天空。到了现代，这几种特质仍保持不变。

美国建筑师莱特在威斯康星建造了唯一派教堂之后，美国中西部的教堂大体上都以三角形为基本模式，再按地方的需要变些花样。莱特在解释他的设计时，用东方人双手合十来说明三角形代表的谦卑与虔诚，是非常有感动力的。今天的教堂意象似乎与三角形脱不开了。当然，这与长方形建筑短边的山墙形象也不无相关。

二次大战后，现代建筑逐渐厌倦了单纯的方正的造型，想求变化。

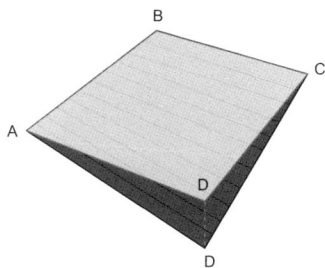

简图（1）

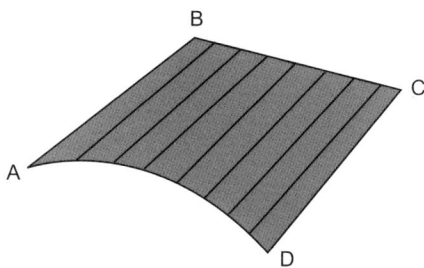

简图（2）

但是在合理主义的笼罩下，变化只能从结构工程中寻求。这时候有一位工程师发明了使用壳形结构的办法。何谓壳形结构？就是不用柱子与梁加隔墙的方形系统，使用钢筋混凝土的可塑性，做成弯曲的薄壳。不但外观有特色，而且非常坚固。要了解壳形结构莫如了解一颗鸭蛋。那么薄的蛋壳，如果不用单点敲击，是很难压破的。蛋壳是大自然给我们的启示。

问题是，我们的房子有门有窗，不能用蛋壳，工程师就发明了局部使用薄壳的办法。他们为了要计算结构的安全，必须有公式可用，所以发明了曲面，称为抛物双曲面。这种面容易计算，容易施工，连外行人也看得懂。我画了一个简图（1），请读者多费两分钟去看懂。还有一种更容易明白的薄壳，叫作圆锥壳。把长方形的一边改成弧形，然后平行于一边画直线，如简图（2）就是圆锥面。这种面的牢固性在我们的经验中最容易得到证明。

你读信时拿起一张信纸的下端，为什么一张薄纸不会弯下去呢？因为你在不知不觉间把信纸的下端变成弧线，使整张信纸形成圆锥面。所以结构力学的应用是不学而能的，敏感的读者自经验中即可体会得到。

兼具抛物双曲面与圆锥面的几何特质

话说回头，谈这些与东海大学的教堂有什么关系呢？如果没有这一点几何常识，是无法了解东海教堂的，一旦知道了，就觉得这座教堂实在非常简单，只是四片圆锥壳的组合而已！

构思是从简单的三角形教堂开始。这一点是有共识的。创意在于把传统上的四面墙壁加屋顶，改变为既是墙壁又是屋顶的四个斜面，兜成三角形的外观如简图（3）。为了要自前面与后面都看到三角形的面，就把四个面在地面上以菱形安排着，到了顶上，使它形成一条线，如简图（4）。这样一来，这个教堂就是四片抛物双曲面所形成的建筑了。

这已经很有趣了，自正面看与棚子一样，可以看到左右两个曲面，只是看不出中国传统中的曲线，还是不够味道。在薄壳结构中，上文介绍的圆锥壳是属于曲线形，就被设计者用上了。我相信设计者没有想到结构，而是把一个直线的三角形轮廓，改为曲线，如图（5），事后才知道这样的外观符合了圆锥面的条件。

线条是造型艺术中最基本的要素，大家看简图（5）就知道了。简图（5）的左图顶上加上十字架已经有明显的教堂气势，没有人会怀疑，可是看了把直线软化为曲线的右图，不但更为美观，自然感觉有教堂的架势，即使没有十字架，也不会丧失宗教的意味。这是为什么？因为三角形两边变曲线后，自然就有自下向上升起的感觉，也就是仰望上苍的感觉。这个曲线，你可以说是中国的传统，也可以说是人类共有的心理反应，属于完形心理学（Gestalt）的现象。

我用这种分析的方式，希望读者不会感到厌烦。到此各位可以

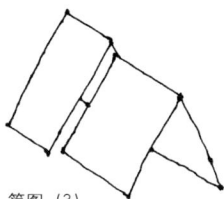

简图（3）

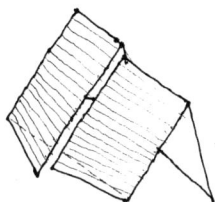

简图（4）

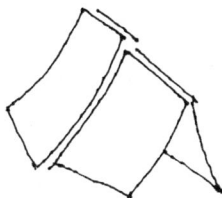

简图（5）

知道东海教堂的四块板是兼有抛物双曲面与圆锥面的几何特质：上下的水平线是直线，垂直向是曲线。在结构与空间上已经很完满了。

普通屋脊化身为光线的来源

为了强调建筑的效果，设计者更进一步，把这四片板拉开，在接缝处各留下一条空隙，是一种巧思。

　　记得陈其宽先生说，顶上开光的构思来源是一线天。这是神来之笔，把一个原本只是普通屋脊化身为光线的来源。由于分开的光缝，两片板可以向上提高，使室内增加仰望的气氛。光线自上而下，增加宗教气息。至于左右两边留缝是要用自然光照出曲面板的独立性。

　　到此，要考虑建筑材料了。这四片曲面在组合上完全独创，是结构的难题。开始时打算用木板，学造船的技术建造，外观也可以是木条。可是经与结构工程师讨论，觉得用钢骨混凝土是可行的。

教堂内部（东海大学建筑系
阮伟明老师拍摄提供）

教堂内墙的格子梁

教堂外墙的瓷砖面

教堂外观（东海大学建筑系陈格理主任拍摄提供）

于是一位优秀的工程师担任计算，创造了另一奇迹，那就是室内的独特景观。

混凝土是很重的，每片板必须上面薄下面厚。为了减轻重量，采用了菱形格子结构。这些格子等于小梁，下面宽，上面窄，因此形成一个合理而又美观的曲面。在天光与侧光的照耀下，室内空间呈现神圣而又柔和的氛围。青灰色混凝土的表面，既素朴又精致，在当时落后的施工环境中，能做出这样高水准的工程，实是营造厂员工充分配合的结果。

记得在当时，对建筑外表的材料也有过讨论。为了容易保养，也为了中国情趣，陈先生决定使用瓷质面砖。用什么砖？怎么砌？花了不少脑筋，华昌宜兄帮了不少忙。后来决定应和室内的图案，特制菱形瓷砖，这种形状的面砖比较容易配合曲面的变化。陈先生曾注意到，

教堂外观（东海大学建筑系阮伟明老师拍摄提供）

台湾传统建筑中使用面砖时，常用钉子固定在木板壁上，因此每块砖中央都有钉头。他为东海订制面砖时，就在菱形中间突出一个疙瘩。一方面使用皇宫才用的黄釉，一方面借用了乡下的砖钉为装饰，这也算是结合官方与本土风貌吧！

两位建筑师·各有所爱

教堂建成后，有人喜欢正面所看到的轻快的上仰曲线，也有人喜欢两侧所看到的两片略带曲线的大墙面。落建不久，贝聿铭先生派人来摄影，在东海工作近一个月才完成。拍完后贝先生所选的却是自左侧所看到的两片大墙面，挂在他自己的办公室里。这个角度的敦厚凝重的气质也许是他所喜欢的吧！

泰姬玛哈陵：世上最美的坟墓

一九八六年初，自然科学博物馆第一期开幕，一时轰动。我累了几年，想出国休假，恰在此时有几位艺文界的朋友组团到印度参观，我们没有思索就决定参加，并提出一些意见。我当然想趁机看看印度古文明中的重要建筑。那是我仅有的一次印度之旅，印象十分深刻。

旅程安排很紧凑，我们自加尔各答入境，到中部，过西岸到孟买，看岩庙遗址，北上到新德里。我忽然在旅馆接到馆里的电话，要我早一点回去，因为政府的官员，立、监两院要来视察自然科学博物馆，指名要我简报。我叹了口气，只好缩短行程，不再北上喀什米尔，与朋友们告别，单独沿恒河东行，看看世界闻名的泰姬玛哈陵。

泰戈尔：泰姬玛哈陵是"脸上永恒的泪珠"

坦白地说，我对南亚的文化是非常陌生的，对印度教与伊斯兰教只有一点肤浅的知识，因此兴趣不高，也没有深入了解的动机。这不是歧视，是没有接触的机会。在学习建筑史的时候，又受基督教教育的影响，以欧洲历史为重点，没有把心思放在亚洲古建筑上。除了因为追溯中国佛教建筑的源头，不得不与早年的印度宗教建筑略有接触外，可说一无所知。但是被称为世界十大建筑之一的泰姬玛哈陵，却早已如雷贯耳了。

就印度古老的历史来说，泰姬玛哈陵只能说是近代的建筑。印度原有它的本土文化，但是在相当于中国的周代，就有一波波的外来侵入的民族，在这块土地上创造了深厚的文化。以宗教来说，到公元前六世纪印度教就成形了，可是很难理解的是，近乎同时出现了佛教，对东西文化形成巨大的影响，印度自己却几乎在阿育王短暂的推广之后就放弃了，因而停留在比较原始的多神教文化中。

自公元八世纪，伊斯兰教的力量开始侵入印度北部，混乱了几百年，到十六世纪终于在恒河流域建立了莫卧儿帝国。今天我们到印度北部看到的华丽宫殿，都是这个帝国留下来的遗迹。十七世纪时它的第五代皇帝，沙贾汗，娶了一位美丽的公主，不幸早逝，悲痛至极，就花了二十九年，用两万匠人建造了一座陵墓。这座被泰戈尔称为"脸上永恒的泪珠"的建筑，也促成了莫卧儿的灭亡。

几何学的秩序与美感

泰姬玛哈陵应该是世界上最美的建筑。它的美可以完全超越国界，超越宗教信仰，甚至超越文化的偏见。

一般说来，建筑的美与知解很难分离；也就是说，感性与理性是同时出现的。你感受到悦目的愉快时，同时也会做出造型合理性的判断。建筑不是为美而存在，它是为功能而存在，因此一般的建筑，总是在对它的功能有所了解之后，才能真正体会到它的美感。

世界最美的建筑：泰姬玛哈陵

　　很少有一流的建筑造型与功能相矛盾的，所以建筑理论上才有"形式从属于功能"的说法。建筑的美不但与功能有关，与结构力学的关系更为密切。不合乎力学原理的建筑不但不容易矗立不摇，看上去也不会很顺眼。很少第一流的建筑造型与结构系统不相符合的。所以建筑之美，常常是结构工程的直接反映。

　　可是我在印度所见到的伊斯兰教建筑，似乎完全与这种理论相悖。伊斯兰教建筑是在造型上超越功能理论的，它们追求的是建筑的象征理性。伊斯兰教文化是以几何学为核心的，他们发明了几何学，教西方人画图；他们把几何视为神意，是承接古希腊的文化精神的。几何图案是他们的专长，也是宗教的象征。而几何学所推演出的秩序与美感，却具有超乎地域的共通性，可以为全人类所接受。

印度的伊斯兰教建筑：人工堆积而成的艺术品

几何形用在伊斯兰教建筑上可分为两部分，自大处看，伊斯兰教的重要建筑大多合乎简单的几何秩序。他们最重要的教堂，是耶路撒冷的圣石庙，就是一个八角形，顶上是金色圆顶。由于重视几何的单纯性，在伊斯兰教建筑中看不到柱梁出现在正面上，所能看到的都是平面。

我在印度看到的当时的官式建筑，以"堡"称之，大多为正方形、平顶，是简单中的简单。在平顶之上若没有圆顶，四角就各加一个小小的圆顶亭子，形成量感与轻快的对比。

自建筑正面看，伊斯兰教建筑是用高级的建材贴面装饰而成。白色与红色大理石是主要面材，用上等大理石雕成的花纹嵌镶、勾边，看上去既大方又美丽。由于我所不了解的历史因素的演化，伊斯兰教的建筑文化后期发展出正面使用半尖形拱顶门面的传统。

我不熟悉他们的象征意义，但自外表看来，伊斯兰教建筑的四面都没有明显的门窗，却在莲花瓣式的拱圈后有巨大的退凹。通常中央的退凹特别大，仅一层，左右对称的退凹较小，为两层。由于勾边的装饰线条视觉效果非常显著，所以这种建筑的表面是矩形几何面的组合，看不出任何功能与结构的关系，却是一个动人的几何雕刻体，特别是在阳光照耀之下。

如果你细看建筑的表面，在矩形组合的装饰之上，可看到遍装的花纹，都是在大理石表面雕出，或用彩色大理石嵌成的。印度的伊斯兰教建筑，真是人工堆积而成的艺术品。按照伊斯兰教的规矩，他们的装饰不能用人类与动物形象，所以几个世纪以来，一直是在几何形

布满装饰的墙面

与花草、树木上玩花样，有时候加上伊斯兰经文，亦即文字的装饰。

在宫殿里，特别是半开放的退凹空间，他们用尽心力把它装饰为宝石盒子。把墙壁与天花用方格子分成无数大大小小的细格，都井井有条地排列着。每一小格里都有一个图案，是一个瓶花，或一束草花。四周则安排着连续的花草图案。伊斯兰是图案设计的老祖先，因为他们掌握了几何学的能力。与他们对比起来，中国确实是最忽视几何秩序的文明，我们所看到的就是自然。

处处显示形式的和谐

当我们的租车飞奔到泰姬玛哈陵时，已是下午三时左右。我步入前庭，看到在书籍上常见的画面生动地呈现在我面前，心头仍不免悸动。在太阳光照射下，灰蓝的天空衬托出大理石巨构的庄严与富丽的美感，真是百闻不如一见！我在心里大声呼喊着：太美了！

泰姬玛哈陵是一个陵墓，初看上去却是教堂的架势。如果没有前面广大的院落，与几十米的倒影水池，它的气势是显现不出来的。它是一个正方形的建筑，有四个相同的看面，但在四角截切后，成为近似八角形，使建筑的造型多了些变化，与一般宫殿与庙宇有所不同。在截角处立了四根柱子，上有小圆塔，是伊斯兰教建筑的另一特色。这座建筑的美，分析起来是来自以下几个原因，试说明于下。

首先是建筑体的组织恰当，轮廓合乎几何秩序。这座建筑是一个圆顶加在一个方形截角的量体基座上。圆顶立在箍形颈子上，整体轮廓十分悦目。圆顶及箍的高度约略相当于下部量体基座的高度，自正面看去，基座宽度是高度的一倍，所以既稳重又庄严。屋顶的四角各

倒影水池显现出泰姬玛哈陵的美

有一个小圆顶，与大圆顶相呼应，且使屋顶形成等边三角形的外轮廓线，增加了建筑的纪念性与稳定感。四角的四支高尖塔柱是三角形的收头，在视觉上增加稳定感，它的高度是两柱间的一半。

由于严格地使用几何秩序，设计者有意无意地充分利用了相似律以达成形式的和谐。最上的大圆顶有四个小圆顶相配衬，又有四个塔柱上的更小圆顶相呼应。正面的大莲花拱门有两边各四个小型拱门相配衬，再与退凹内更小的同形式拱门相呼应。小型圆顶下的拱廊似是拱形节奏的余韵。正面大拱圈外缘的长方形框框，突出于基座，显示其造型上的主导地位，与圆顶连为一体。周边的三十二个小型拱圈重复着同样的比例。由于圆顶的莲花拱轮廓作为整个造型和音的主调，泰姬玛哈陵可以视为"建筑是凝固的音乐"一说最佳的注脚。

当然，如果没有高贵的白色大理石，呈现优美的音色，就没有精致感。走到近处，看到墙壁上层层的几何架构与绵密的图案设计，不能不对这个我们不熟悉的文化肃然起敬。这些细节经得起细观，所以他们的卖店里就有些小型的大理石镶嵌物纪念品供观众购买。我不能免俗，也买了两块带回来，只是事隔多年，丢在何处已经忘了。

高迪：游戏、幻象与美感

我谈建筑的美，在心理上是希望沟通学院派的美学与大众的美感。我一直认为正统的建筑美学是一种素养，在过去只有贵族才有这种闲情逸致，只有少数人可以享受这种精神食粮；建筑师当时是为这少数人服务，所以必须有深厚的美学知识。时代改变了，今天已经没有贵族，人人都有资格享受种种物质生活的权利，因此大家当然都有享受建筑美感的权利。

建筑本来就是呈现在大众面前的艺术，即使贵族也无法把它遮掩或收藏起来，供自己私用。为什么大众不能享用呢？因为他们对美视而不见，他们缺少的不是权利，而是能力。今天大家都有闲了，可是很多人有了钱、有了闲，却不肯或无机会使自己掌握审美的能力。我鼓吹美育，或写谈美的文章，无非想在建筑正统美学与大众美感间建立桥梁。

这就是为什么我在本书中介绍建筑时，选出来的大多是大众不一定觉得美的作品。我总是使用古典的美学原则、视觉和谐，来解释这些作品。为了取信于读者，主要的作品都是国际知名、具有经典性的。

但这次我要介绍的是一种性质不同的建筑，本来就是大家很喜爱的作品：高迪的米拉之居。在西班牙的巴塞罗那，这是观光客去的地方，要买票进去才能参观，因此在网路上贴有很多照片可供欣赏。照理说，这类建筑已经不需要介绍了，可是没有更专业的导览，大家真正可以看明白吗？

高迪认为：曲线带着神意

在高迪的著名建筑中，最重要的当然是圣家堂的双塔，那是城市的地标建筑，然而一直在施工中，尚未完成。三十几年前我第一次看到它时尚未复工，十年前第二次看到它，已增建了一堵墙。欧洲的大教堂花一二百年才完工不算稀奇，在完工前，它们只是供公众游览的雕刻品而已，尚不能算建筑。

高迪最有趣的作品是奎尔公园，一座两层的别具风格的开敞空间，自然也称不上建筑。所以我对他的认识是，他最喜爱，也是最擅长的就是对公众开放的结构，用今天的语言来说，他的建筑基本上是公共艺术。他的目的是服务大众，取悦大众。即使在设计室内空间时，心里也存着一个无形的大众，好像知道有一天，他的建筑都会对公众开放。

有了这样的心理准备，我们可以回到米拉之居的建筑了。这栋楼房在街道转角处，一边是绿园道，今天看来很像一座公寓，但这样炫目的建筑不可能是平民住宅，是一位富豪姓米拉者的住宅。高迪的建筑必须花大钱，费五六年的时间完成，是不容易的。只是与一切豪宅一样，原主人用不了多久，流入商人之手就全盘商业化了。今天经全面修复，对公众开放，其实如了高迪的意了吧！据说还被联合国文教组织指定为世界文化遗产呢！

米拉之居是六层楼的建筑，在大街上与一般公寓没有太大不同，主要的差异是它没有直线，没有直角。高迪认为直线是人造的，上帝造的是曲线，所以曲线带着神意。高迪带些中世纪的精神自此可以看出来。

要怎样去欣赏它的外观呢？先看它的曲线。它的正面是从上到下六根平行的波状曲线所造成。这是大架构。每条曲线都有同样振幅的波状韵律，即简单的凹凸所形成。这些曲线连带地构成波状曲面，形成此建筑的形式基调：一种动态的节奏构成的美感。这也许是受街角建筑线影响所可能造成的最大变化吧！在同一条街上，高迪曾改装过一栋建筑，巴特罗之家，只在平直的墙面上突出些窗台或阳台而已。

生动的抽象造型

以上的描写是指出其形式美感秩序所在，可是它的吸引人之处是

米拉之居正面阳台的栏杆

米拉之居建筑特色：波状曲线造型

在这样的秩序之上有很多细处的变化。也就是我们习惯上所说的"统一中有变化"的道理。每层都有成排的窗子是不能避免的，但是他有意把各层的窗子做成似乎相同却不相同的开口。在街角的正面，最上层正中间一大一小的两个开口是一门一窗，左右各有一窗，宽度也不一。显然是故意造成"随意"的感觉，因为这些开口没有直角，与山洞近似。

如果顺着那里向下看，会发现五楼的窗子大大小小，与六楼完全对不起来，简直与小孩子的玩具一样。连突出的阳台及上面的铁制花式栏杆也比六楼小很多。再顺着向下看，四、三、二楼虽然有些近似，门窗与栏杆实际上也是完全对不准的，到二楼甚至还加了柱子。看到这里，你已经感觉到一种童稚之趣与自然之美了。

如果你这样观察全面，会发现在这个大架构之上，处处都是变化，好像很多乐器在交响乐中演奏，既富于音调的变化，又切合着整体的节奏，构成一个和谐的曲子。在垂直面上，突出几个半圆塔式的大柱子，使波动的表面有稳定感，中间的波段则多为阳台，使横向节奏非常明确，抑扬顿挫十分分明。抬头看，屋顶的天际是一条自然曲线，飘然地覆盖在波浪之上，作为这个动感外观的句点。屋顶上的小窗子是巧妙的装点。

要仔细看，可以觉察到高迪的造型才能。他的建筑结构应该是钢的柱梁，外观是用石材包起来的。为了塑形的感觉与石洞的联想，他用石材雕成自然的曲面，挂在结构上，近看时，有抽象雕塑的美感。他的每一块石头都雕成可以与整体造型相呼应的个体。很有趣的是，他在石块上设置的铁栏杆，是用铁片所自然扭成的半抽象图形做成，似为林中之动物群或海草中的怪物，与石壁形成轻重、空实的对比。

我不禁想，这位天才建筑家，在二十世纪初，抽象艺术尚未产生的时代，居然可以创造如此生动的抽象造型，而且有视觉的吸引力，实在难能可贵。

最美的屋顶天花

高迪是雕刻的能手，也是结构的能手。我们可以到米拉之居的屋顶上体验一番。此建筑的屋顶上的那条自然曲线下面，是一个厅堂，现在作为展示之用，天花到墙壁是朴素的砖砌拱条所构成，是很动人的设计。这厅堂的一端转弯处，天花以下为一扇形拱顶，拱筋也用砖砌成，是我所见到近现代建筑中最美的屋顶天花。可惜这一部分并不为一般观光客所欣赏，而被忽视。我查看网路上贴的旅游照片，没有

砖砌的拱筋

米拉之居屋顶的烟囱雕刻

看到厅内的留影，可知一二。

　　观光客都被屋顶上的雕刻吸引住了。高迪受中古教堂的影响，很喜欢在屋顶上弄花样。教堂有尖塔，住宅有烟囱，都是高而尖的东西。但烟囱似乎比尖塔更有趣。首先，米拉之居的屋顶因塑造天际线之故而有了起伏的地面，整个地面就像一个大雕刻，要靠楼梯上上下下。而烟囱则突出于屋顶的上面。

　　在屋顶突出物中有几个特别大的，看上去类似十字架，又像几个抽象的人头，是两个楼梯出口。而雕得颇为生动，又很像今天成列的太空战士一样的，才是烟囱。我们的观众不知道，西方国家的烟囱都是成排竖立的。烟囱的下面不是厨房，是壁炉。每一个壁炉就要有一个烟囱直通屋顶，所以才有成组的人面出现。远远看去，这些造型很像父母带孩子一样，在阳光之下十分美观动人。如果你细看，会发现这成列的太空武士，每一个表情都不相同，在嘴巴上表示出来，只有头顶的尖与两只空洞的大眼睛是相同的，也符合了"变化中有统一"的美学原则。

放纵你的想象力吧！

如果买票参观建筑室内，特别引起我们兴趣的可能是高迪的围栅设计。他不喜欢直线，所以未进大门就可看见用大大小小曲线的圆泡泡构成的黑铁门栅。进到室内，凡有器物都是椭圆泡泡构成，连家具都不例外。见到最多的是楼梯的栏杆，那些铁线花样大体可以与同时期的"新艺术"风格相比类，只是更加抽象而已。

这个建筑当年的设计是围着两个近乎圆形的天井建造的。我不明白当年一个家族居住何以需要这么多室内空间，何不多留些空地。所幸到今天，天井大小已不构成卫生问题了，反而可以显示高迪处理空间的本领。

总之，高迪是一个想象力丰富、耽于幻象而又游戏心重的人。他结合了工艺与建筑的创造力，又遇到有钱的企业家无限量支持，使他的天才得以发挥。今天，在一个世纪之后，世界发展到歌颂幻想、放纵想象力的时代，对于何谓美、何谓趣味已分不清楚。所以高迪成为世人的宠儿。而前卫建筑中，学院建筑的叛徒如盖里等，多少是高迪精神的翻版。所以也可以认为高迪是当代前卫建筑的预言者。

到了巴塞罗那，就尽量享用高迪轻松的视觉盛筵吧！

金门王宅：窄巷的天际线

在世界古文明的建筑中，特别使人感动的空间经验，大多是富丽的宫殿、壮观的广场、美丽的艺术，只有中国的古建筑中有一种特殊的经验，是其他文明中少见的，那就是窄巷。到目前为止，我还没有看到有人介绍过这一特色，或提醒大家注意窄巷之美。

窄巷为什么有这样古怪的处境呢？因为它是有意被遗弃的空间，又重新被发现。也可以说，它是有意地被遗忘，却又是必须存在，被经常使用的空间。这样说，可能把读者弄糊涂了，让我先尝试解释明白。

寻找正院外的窄巷

大家都知道中国古建筑是中轴对称，层层院落所组成。这是自伦理制度演化出来的建筑空间，是秩序井然，规规矩矩的。上自宫殿、庙宇，下至平民住屋都是如此。这样的建筑规划会有什么结果呢？每一座宅第都是一个硬边的框框，像切豆腐干一样。这样的建筑是内向的，周边都砌高墙，有防卫性，因此建一座宅子就等于砌一个堡垒，应了外国人"A home is a castle"（家宅就是城堡）那句话，墙外的空间是被遗弃的。在一个市镇里，沿着街道建宅，大型的宅子两侧都会保留空地，与邻近的他人宅第保持距离。没有人会留心宅第之间的巷子，它只是必要的隔离而已。

中国的建筑，屋顶要伸出一些装饰，院落与院落必须保持一些距离，以便呈现这些装饰，所以即使是属于一座宅第的不同院落间，也不共用墙壁，而保持一定的距离。窄巷是中国建筑之必然，好像裁衣服必然剩下一些废材一样地被遗弃。

但是它为什么被发现，又被经常使用呢？

建造房屋的时候没有想到，院落之间是有人在走动的。这样的空间，今人称为"动线"。如果在市镇中，镇民的活动很频繁，市街间的联系就靠一些公共巷道，因此他们就把这些窄巷当成要道了。有时候即使裁下来的空间再窄也不能不勉强使用。这就是为什么鹿港有一个著名的"摸乳巷"的原因，这个巷子的宽度只能供两人侧身而过。

可是国人很少体会到窄巷的美感不在于摸乳的想象，而在于狭长的空间与富于变化的天际线之美。

我第一次深受窄巷之感动，是在一九七〇年代调查板桥林家时的经验。我自三落大厝与花园间的后面步向五落大厝边，向百花厅走去，走过两者之间的窄巷。这样一个平凡的巷子，两边并不对称的屋顶与门窗，使我感到一种生命的戏剧的吸引力。这个巷子很长，几乎看不到底，天际线的美自然地引申到未可知的前景的悬疑感。

自是而后，我每参访古建筑就有意地寻找正院外的窄巷。但大多长度不够，感动力不足。后来五落大厝被林家迅雷般地用推土机铲平，我想重温旧梦的机会也没有了。

板桥林家花园的长巷

标准闽南式聚落

一九七〇年代初，承"青年救国团"之邀，去当时尚为战地的金门参观。他们是想在金门设活动中心，我却因此有机会看到了没有经过现代开发所破坏的老金门：真正的闽南建筑及侨民建筑。当然也看到了一些窄巷。

也许是闽南建筑的特色吧，澎湖与金门的聚落常呈格子式规划。住宅单元是小型的三合院，每一格是一个单元，因此近乎小家庭的群聚。我不太明白它的社会背景，只知道这样的聚落很自然地创造了很多长巷。我推想在当时是聚族而居，这些小家庭可能都是一家人吧！那么长巷中行走的应该都是近亲。这些排列整齐的小型三合院，横向的连结也很紧密。合院在正房与厢房之间的外墙上总开了门，因此一连串的合院就自层层门楣中连成一条线了。

这种建筑组合之特色，我在澎湖见过，但澎湖是穷困的，有咾咕石的趣味，而美感不足。到了金门，当地的朋友介绍去看山后的王宅，才感受到格子式安排的优异性。

王家也是侨民住宅，但他们不是南洋的侨民，是到日本经商发达的。我可以感觉侨居地不同的差异。南洋的华侨自然是来自英国的殖民地，他们对西式建筑情有独钟，经商致富后，回到老家，总想把这份光荣用西式别墅表现出来，所以金门很多这种中西合璧的建筑。有些西式建筑，特别是楼房为主，带点闽南式装饰，有些以中式合院为主，增加些西式装饰，各种程度的西化，实在是研究中西融合的好材料。我想了很多年，只因琐事忙，一直没有摆脱杂务，眼看着这些材料慢慢消失了。

金门聚落小院一角

可是王家自日本发财回乡建屋的情形是少有的。他的心情完全不同。日本是尊重传统的民族，不是殖民地，西方的影响不大。到日本学习到的是对本土文化的肯定。他致富后在老家建屋以光宗耀祖，当然是建造传统的住宅，而且完全按照老办法做，与在本乡致富没有分别。金门很幸运，因为有这样一位侨民留下一座令后人感到骄傲的标准闽南式聚落。尤其重要的，它的建造年代是清代末期，保留了传统的一切，却并无衰颓的迹象，今天来保存并无困难。所以在我第二次往访时，金门县政府已经把它正式改为民俗文化馆了。

王宅的四合院

金门王宅这一组建筑，包括了家族的公有空间如祠堂、学堂等，及若干居住单元，地方人士称之为"十八厝"。我太注意其巷道了，没有计算合院单元的数目。

有一条横向的较宽的街道，它的北面是比较重要的建筑，我推断应该是家中长辈的居住处，屋顶上的正脊比较多装饰，燕尾也复杂些。横街的南边，有五行、五列的格子，每一格子中有一单元，整齐地排列着，应该依序住着族中的晚辈。这些行列间，各有横向连通的道路，及直向的窄巷，是我见到的最美的巷道。老实说，这些合院建造得很好，木工、石工都很精致，比例相当优美，但整体说来，并没有显著的特色，可是窄巷的特色却是很突出的，相信在别处不容易见到。

重要的合院都是四合院。院子不大，但为居住的目的恰恰合适。我进去的"中书第"，是宅子的正屋，官应该是买来的。木刻、石雕都很精致。多上了红、黑、金三色，照清朝的规矩应是逾制的，但壁面与开口比例匀称。祠堂的正面全用青石雕刻，也上了彩，内部的木雕太华丽了些，但门廊的配置是恰当的。尺度不大，与居住单元大小相同。

每一单元总有一前院，这里是前后两单元的间隔空间，宽度与屋高相当。两侧的围墙富于变化，呈现出金门建筑丰富的一面。有很深的线脚，有瓦砌的透花，有斜石砌，有方砖砌。但高度只及屋高之半。自墙上可以看到外面屋顶的天际线，是院落建筑最美的画面之一。

窄巷的三种宽度

王宅的窄巷有三种宽度，最宽的有两米，可以看到壁面的全貌。自地面到屋檐是斜石砌成，有坚实的质感。由于斜砌似是金门的特色，没有力学上的理由，与红色的方砖山墙面对比起来，加上屋顶瓦的曲线，上扬的燕尾，组成美丽的画面。因为够宽，建筑的动态天际线就

三种宽度的窄巷

院落间的连结通道

显现出来了。加上地上几步台阶，构成少见的建筑与空间之美。这个巷子自路中间看去，对称的两边燕尾互指，自近而远，形成美丽的韵律。我甚至感到，世上建筑之美也不过如此了。

第二种宽度只有一米。由于宽度很小，已经无法看到墙壁的全面，只看到一片峡谷，上面有一线天。建筑的燕尾尖顶已经几乎接在一起了。走在其中，感受到斜石砌的两面墙，伸手可触及它的粗面。建筑的上部有砖瓦线脚的突出，使天际线更加有张力。可是一直走下去，到了院落的部分就豁然开朗，忽有阳光照射进来。这时候围墙的变化，石条门框，方砖墙面，瓦砌透花，与屋顶瓦曲线、上扬的燕尾，成对地构成一个动态的美丽画面，好像有一位艺术家构思了这样一个令人难以相信的设计。是一个"设计"，因为花窗是一个纯粹的装饰，全为了构图之用。

第三种在宽度上更小了，不足一米，因为这是整个聚落的边缘，大约是下人所住的区域，建筑屋顶是平民的马背顶，没有燕尾突出，也没有过深的砖瓦线脚，所以可以有更狭窄的巷道。这墙的宽度真是"摸乳巷"了。当然了，这墙没有动人的天际线，只是一个长巷而已。

横向的通道在视觉上更有吸引力。用石条构成的简单门框，两边是方砖红墙，远远看去，好像镜子中反射的虚拟景象。门框约略是矩形，比例优美，层层相套，是在现实中难得一见的建筑景观。大家如有机会去金门一游，切切不可错过这一景点。

巴黎群贤堂：圆顶建筑与都市空间

在西洋的学院派建筑当行的时候，所有的官衙或带有纪念性的文教建筑，大多采取同一个模式：正面大门是庙宇式柱廊，中央是大厅，厅之上为高高的圆顶。建筑的正身是以古典柱列为架构的装饰。我曾在前文介绍过台湾博物馆的建筑，就属于此类，但该馆因为规模不大，尚没有代表性。这次我介绍法国的群贤堂，是我认为此类建筑中最美的设计。

这种设计是始于文艺复兴的后期，十六世纪的意大利，大画家拉斐尔与米开朗基罗所曾经插手的圣彼得大教堂，应该是原型。但这座世上最重要的教堂，在美学上受到很多批评，都是后来的建筑师在十七世纪改变的结果；他们把大殿拉长，使得站在广场上的观众看不到大圆顶的气势，更不用说美感了。这类设计自十七世纪传到英、法等国，最著名的是英国伦敦的圣保罗大教堂与法国巴黎的退伍军人院的大圆顶；两者建造的年代都是十七世纪与十八世纪之交。到了十九世纪传到美国，以华盛顿的国会大厦领先，各州的首府都模仿同样的风格，几乎成为州政府大厦的标准式样。其壮丽、优美的外观是主要的原因。

大体上说起来，在十七世纪的发展就是要增加圆顶的美感，并提高圆顶的可见度。这两个目标就是要设法增加圆顶的高度，并提供足够的距离，可以观赏到圆顶之美。

众神庙·圣索菲亚教堂·圣彼得大教堂

在古代建筑中，圆顶是很受喜爱的。建得最早的圆顶是古罗马的众神庙，只能在室内感觉头顶上崇高的穹隆，十分有感动力，外观并不醒目。这是西方传世的古建筑中最重要的作品之一。后来东罗马帝国建了一座圣索菲亚教堂，上以圆顶为主，外观壮丽，但圆顶并不显著，倒是室内空间高敞，穹隆高悬，是人间一绝，为后世称道。文艺复兴之后，圆顶被用在公共建筑上，就以外观为重，室内的感觉反而淡化了。因此多把圆顶空间用在进口大厅上。

在古代，大圆顶是很难建造的。用砖石砌成，由于重量大，外推力又大，把它建在数十米高的屋顶上，实在不是容易的。何况下面又要四面流通的空间，不能用厚墙壁承重。自十六世纪就知道使用铁链子把下边拉住。即使如此，完成后，还是嫌低矮，远处不容易看到。圆顶的建造自古罗马开始就在中央留一个圆洞，后世就在圆洞的上面建一个高高的灯笼式的顶窗。圣彼得大教堂已经把圆顶做成两层，内层是真的，可自室内看到；外层是表皮，略提高些，供外观欣赏。自此而后，西洋的大圆顶都在表皮上大做文章，里面与外面彻底分家了。

要说清楚，涉及一些结构知识，在此不赘。且说到了英国的圣保罗教堂建造时，一位很有天才的建筑师，使用了两个方法，有效地提高了圆顶的总高度。一法是在圆顶与基座之间加上一圈双层柱廊。大家都熟悉美国国会大厦的圆顶下有一圈柱廊，大大地增加了建筑的美感，而且提升了圆顶的高度，使之更加壮观。大家可能不知道的是这一圈柱廊还有稳定结构的作用，担当了抵挡圆顶外推力的扶壁。

即使如此，圆顶仍然不够高。圆顶缩在后面，在地面仍然不易看到。他的第二个办法是把圆顶做成三层，除了原有的真圆顶外，做了砖石砌的第二层，为圆锥形的结构，支撑自上采光的大灯笼。然后才在外面用木架做出我们所看到的漂亮圆顶。这个假圆顶提高到真圆顶的一倍以上的高度，因此才有今天在泰晤士河边到处都可以看到的，英国人引以为傲的圣保罗大教堂。

被冷落的巴黎群贤堂

我所喜欢的这座巴黎群贤堂，建筑的年代比圣保罗晚了近一百年，可想而知，在造型上受后者的影响。它的圆顶也小得多，所以在建筑史上的地位无法与圣保罗相比。还有一个原因，英国的建筑史家总觉得还是英国的作品比较高明，没有把巴黎群贤堂放在眼里。坦白地说，我在读书时，完全没有注意到它。

一九六七年，我自美过欧洲返国，在巴黎停留了一个星期，住在左岸的一个小旅舍里。当时美国的学生流行到欧洲自助旅行，每天只花五块美金。我是三十多岁的老学生，也学他们，手里拿着一本旅游手册，到处寻芳访胜。左岸以巴黎大学为中心的一带都被我走遍了，我发现大家都喜欢向河边走，卢森堡公园一带比较少有观光客徘徊，而就在那附近，我看到一座公共建筑，亮丽地、孤寂地矗立在道路的尽端，使我心花怒放。

查查旅游手册，原来这就是群贤堂。西文是 Pantheon，与罗马最古老的众神庙同名，但它的意思略有不同。相对于天主教而言，古罗马是

群贤堂正面

异教徒，相信多神，但在十八世纪的法国是天主教国家，当然只能相信独一无二的天主。原来它是为纪念一位圣者（St. Genevieve）而建的教堂，到大革命时期,被革命政府改为纪念法国史上的伟人。"群贤"与"众神"的意思略近。失去了宗教崇拜，没有了香火，所以显得冷清，但也因此而落得清净，可供我这种独来独往的游客听自己的脚步声。

　　原来群贤堂坐落在一个很整齐的广场中，显然是十八世纪都市规划的成果。依照基督教的传统,教堂面向西方。群贤堂的平面近乎正十字架，圆顶在中央，西向是正面，面对着一条大街，直通卢森堡公园，称为苏福洛街，是为纪念该堂的建筑师而命名。壮丽的建筑需要欣赏的空间，而都市的市街需要美丽的建筑。两者配合得完美，要靠都市设计家的筹划。二百年前的法国人做得很自然，可是直到今天，台湾的城市中既没有可观的公共建筑，又没有足以彰显建筑美感的都市空间，岂不可叹！

几何形构成的和声

话说当年我走上苏福洛街头，为远处街道底端的崇高建筑立面所感动，就站在大街正中仔细欣赏一番，并摄影留念。街道两边的建筑是十九世纪的学院派街屋，精致、和谐而富于变化，圆顶教堂的背景

群贤堂背面

以白云为衬，上午的阳光投下柔和的阴影，使我恍然如同走进拉斐尔的画中。

当年的设计师考虑得太周到了。自公园出来看到的外观供远距离欣赏，看的是完整的立面。建筑师的审美功夫全展现在眼前。伦敦的圣保罗大教堂就没有这么幸运，几乎无法看到正面的全貌。在这里可以看到苏福洛把圆顶提高，并把圆顶下的柱廊圆圈提高，使上部建筑的高度达到令人满意的比例，营造出高贵典雅的美感。

人类对美感的反应，要求的是变化中有秩序。群贤堂的正面，自上而下，尖塔式灯笼（天窗）、圆顶、圆箍、环形柱廊、三角顶、长方

街头风光

形柱廊，变化不少。秩序的建立首先是用简单的比例。三角顶以下是建筑的高度，以上是圆顶组的高度，尺寸是相等的。而各个元素间，使用近似黄金比的比例。正面柱廊的横直比是二比一。其次是用柱廊的简单韵律来互相应和，使这几种不同的几何形构成类似四重奏一样的和声。

自街头向建筑走去，柱廊的深度，柱头与三角顶上的浮雕渐渐呈现，予人以音色细腻的感觉。这时候我可以看到柱廊后面的墙壁，荫出比例优美的附壁柱列，耐人品味，像乐队中的鼓声。由于走近，在视觉上正面增大，圆顶缩小，到了正门，柱廊宽度约略等于上面环形柱廊一倍时，我发现这座建筑的构成，自顶塔的最高点与下面背景墙壁的屋顶角连线，可以形成一个等边三角形。你虽然看不到这条线，却在隐约中给你稳定与坚实的感觉。

感觉到巨大壁体的纪念性

不知何故，苏福洛设计这座教堂时，使用完全封闭式的墙壁，除了正面，十字形平面的周边都没有开窗，因此特别显出正面柱廊的轻快与优雅。这是以对比法来创造美感的手段。我很好奇地绕场走了一圈，欣赏它不同角度的美感，发现除了西向正面外，南向虽没有开门，却也是面对一条街，发挥美化都市空间的作用。

我好奇地走到这条比较狭窄的街道，后来查出是乌尔姆街的远处，回视教堂的穹隆，逐渐接近，下面的墙壁愈觉崇高坚实，与上部多变化的造型形成令人愉快的对比。我所看过的伟大教堂建筑中，似乎只有这里使用这种令人难忘的对比手法。在广场中漫步，感觉到巨大壁

群贤堂的圆顶内部

体的纪念性，似乎是设计师所特有的对生命的体会。

　　难道他不希望室内有自然光线吗？诚然，走进偌大的室内空间，只有圆顶环廊周边的窗子投下光线，照亮下面黑暗的世界。这是一种深刻的宗教情绪的表现吧！

徽式建筑：宏村的自然错落之美

对建筑的欣赏，通常是对个别建筑的美感判断。建筑被视为艺术品，每栋建筑有其独立的价值，连带着这栋建筑的创作者也分享其荣誉。因此我在本书介绍的每一栋建筑都有一个名称，除了有少数古建筑外，甚至是以建筑师为主角来说明的。

可是建筑的环境有时候不是单栋建筑的问题，而是建筑集体呈现的效果。这种美感常常不是建筑师设计出来的，而是集居在一起的众人共同努力所得。他们不是建筑师，只是一些匠师，使用代代相传的技术，在约定俗成的一些社会规范下，按照各家的财力所建造出来的。

这样的环境常常是几百年间陆续累积而成。对于外来的游客，由于很自然地呈现了地方文化的特色，常带来极大的心灵冲击，而被感动。在这方面，绝不是建筑师个人的创造力及其设计的独栋建筑所可企及的。

在欧洲，文艺复兴的精神普及以前，大多数的城市都有这种集体的美感。我们到欧洲旅游，最使我们流连忘返的不是教堂与宫殿，而是那些古老的山城。北意大利，法国的普罗旺斯，德国的浪漫之道，至今脍炙人口，因为它们一直保存良好，没有受到数百年来的建筑风潮的破坏。其中德国的山城罗森堡是最使我沉醉的地方，曾写过一篇

《浪漫道上的山城》以记其事。可惜这种群策群力所建构的美境，经过文艺复兴，再经过近、现代的个人主义及强调进步的风潮，已经无法在人类世界重现风采了。二十世纪的中叶，新建筑把这些古老的建筑环境肆意破坏，尤其在落后的国家，为追求富强，对传统建筑毫无珍惜而几至万劫不复。直到世纪末这一危机才算终止。

欧洲的故事同样地发生在中国，因恐怕大陆开始进行经济发展而破坏其古市镇，我于上世纪末先后走访了山西的平遥与皖南的徽州地区，其中尤其是徽州，使我极为感动，又于数年后重访。平遥与徽州是因商人财富集中而建设起来的，与欧洲山城的经济背景相似。民居而有一定的精致度与耐久性，财富是重要的条件。

让我们细说徽州民居之美吧！

白壁山墙青瓦顶

徽州民居美感的基本条件是什么呢？首先是材料与色泽。它是长江流域建筑文化的一部分：青瓦与白壁，雅致而统一，并非此处所独有，但却由于建筑密集而显得特别醒目。江南一带，由于是水乡，建筑大多沿河而建，平行排列，不易显现其青、白对比的美感，在这里，建筑是随意集居的，益显青瓦的深色与白壁面间错落、交集的组合趣味。

其次是以白壁为主调。白壁同样是长江流域一带的民居特色。住惯台湾的我们，习惯了传统闽南建筑红砖墙壁的美，对白墙壁特别敏感。它不但是长江流域所喜爱，实际上是中国空间文化中不可缺少的要素。在若干年前，我曾写过一篇文章，指出中国是砌墙的文化。国界曾是一条万里长城，城市是指一圈城墙，住家是指院落的围墙。不懂得欣赏墙壁之美，无法欣赏中国的空间文化。

白壁突显了砌墙文化的特色。徽州的住宅特别喜欢白壁，它似乎象征着财富与地位，因此有头有脸的人家，在宅子上尽量利用白壁，使白壁成为该地区住宅的基调。

江南的住宅原来都是最简单的硬山房，也就是白壁山墙直接支承着青瓦顶，如图（1），原本就是屋高院小。由于民宅紧密地集结在一起，一旦失火就不堪收拾，所以很自然地把山墙升高，把屋顶罩在山墙的后面，万一起火可以发挥阻隔的作用，这就是所谓马头墙的由来。因为山墙升高后，较常做成梯阶式的墙头，上面加上防水的小屋顶，如图（2），收头处还有起翘，远远看似有马翘首的感觉。这样的住宅，

图（1）

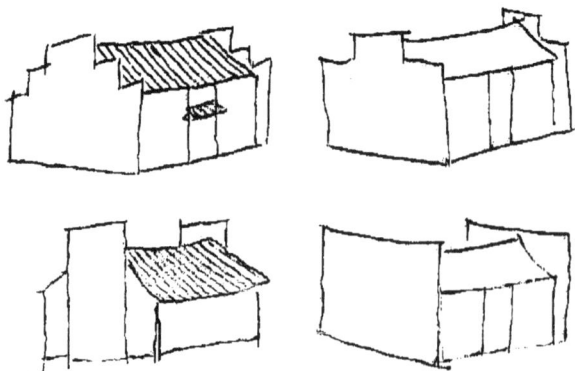

图（2）

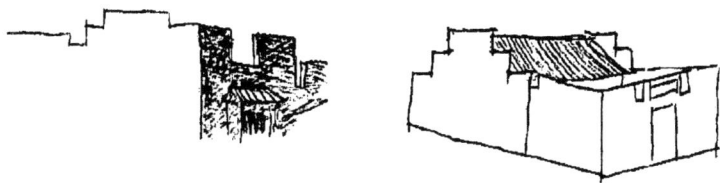

图（3）

图（4）

加上向前伸出或向后延展的院落，都是大片的高高低低的白壁。愈大的宅子，为了防火，白壁愈高愈长，如图（3），慢慢就形成一种象征，像包装一样，家家户户都要把山墙做高做大。只有贫苦的家庭才保留人字形山墙，及斜顶外露的自然屋形，如图（4）。

自由配置的聚落

　　徽州民居美的第三个条件是村落中的自由配置。

　　我曾在前面介绍过金门的王宅，那是一组十几个居住单元，很整齐地排列着，展现秩序之美。闽南式的聚落大致如此。与此相对比的是皖南的聚落，他们似乎是完全自由发展而成的，所以才有错落之致。

这种"自由"也可以视为偶然或随机，可以表现在三方面。他们似乎不在乎方向。中国因受风水术的信仰支配，住宅坐向与周遭山水有某种关联，因此聚落常有一定的秩序。可是在这里我看不出来这种关系，各户的建筑似乎是随意安排的。也许是更难理解的风水法吧！众多宅子，随意配置，自然会出现意想不到的视觉效果。

我注意到，他们不但随意配置，有时候，规模比较小的住宅在增建时是随意连接的，与闽南增加两翼的护龙大不相同。仔细观察，宅子与相邻宅子之间的关系也是偶然的，并没有必然的逻辑，因此马头墙高低错落相交接，时可看到令人惊异的造型。均衡、对称的普遍原则大体上被遵守着，但时有例外。特别在宅子间相邻处。

更有趣的是，除了对称的原则之外，此处的开口似乎是随意的。在基本上高防御性的墙面上，偶尔看到开窗或开门，完全无关乎均衡对称，予人一种畅然的快感。由于这些随机的特色，皖南的民居与现代建筑有些近似，反映出一定程度的自由色彩，使我感到亲切。

美不胜收的宏村

写到这里，忽然觉悟我习惯于分析的个性，可能已经过分地考验了读者的耐性，应该介绍些具体的场景才好。这样想，不期然就想到宏村了。

宏村之引人注意是因为它拥有其他村落所没有的水景。它有两个湖，一个大的在村外（南湖），一个小型的在村内（月沼）。水景固然可以活化景致，但最重要的，是提供了开敞空间，使我们很轻松、舒服地观赏其建筑之美，与狭窄曲折的小巷形成强烈的对比。

湖滨的民居群有古雅素朴之美

如果你没有多少时间，你又容易沉醉于浪漫的环境气氛之中，就去宏村的月沼逗留一刻。这里是人类在前工业时代所创造的建筑氛围最美丽动人的例子，绝对不输欧洲的古镇。我在前文中所分析的特色在这里可以一一得到印证，难怪大陆拍古装片喜欢用这里当背景了。

若干年前我去参观时，大陆经济尚甚落后，建筑多年未修，白灰剥蚀，常年雨水冲刷，景色特别动人。记得我自小巷进入湖区，迎面看到一堵灰墙，斑驳的岁月痕迹，马头墙的高低错落的天际线，立刻把我吸引住了。我沿湖面走了一圈，几乎随意按下快门都是美景，可用"美不胜收"来形容。对于某些特殊的角度，不免停下来欣赏一番。在此向各位介绍两个现场。

　　第一个现场中是面水的两栋住宅，一高一低。低的是典型的民宅，中央是门，左右对称两窗，门上有小屋檐。白壁之上是青瓦顶。有趣的是屋顶不甘寂寞，两端伸出假的马头，以显示身份，似乎表示后面还有大院。高的一座是二层的住宅，因为迁就地形歪斜，只好放弃对称的设计。在白壁上开大门，上面的小屋檐及砖砌的斗拱装饰，显示主人的身份。有趣的是不对称的壁面上，开了四个大小不一的窗口，近屋顶处有三个，左下角有一个，似乎是为某种用途而开设的，予人以随机的印象与现代感。它的左边是一条窄巷，右边则为斜壁，与邻家的马头相遇，交接处耐人寻味。

　　第二个现场是湖的斜对面的一组建筑。我说一组建筑，实在因为我无法判断这是几栋住宅所组成，因为在这里除了看到两面高高的马头墙外，依常理判读，都不符合中国传统住宅的组成原则。在靠近水面的部分，居然出现了国人很忌讳的单面斜屋顶为正面，并设了大门。相邻的几乎相同的大门，面水而立，却与后面的主楼成一斜角。一切都是不合理的，但整组建筑的造型却有一种天成的抽象雕塑之美。线条因斜线富于动感，开口因随意而有自然的兴味，白壁的表面则因风雨的侵蚀而有幽雅的情趣。这是建筑师所无法设计出的造型。

　　沿湖走去，这样细心地观察与欣赏，何止十几个值得品味的现场。限于篇幅，只有留待读者们亲自去游览观赏。当你倦于细看时，会蓦然发现湖水中的美丽倒影，把宏村幻境化了。真是可以一时忘我之美景啊！

悉尼歌剧院：令人难忘的国家地标

　　世上有一栋建筑，是我不想介绍却不得不介绍给大家的，就是悉尼的歌剧院。我不想介绍，实在因为它太有名了，是世界十大著名建筑之一，用不着我再多饶舌，读者们可能都已耳熟能详。然而它的名

岸上看歌剧院

声主要来自其独特的帆船造型与它占据悉尼港口的位置，有多少人真正深入地体认到它的美，甚至理解它的形式呢？是很值得怀疑的。它像一个太有名的明星，反而需要冷静的观察，才能真正认识她的伟大之处。

北欧建筑师的杰作

悉尼歌剧院是现代建筑中最富于戏剧性的作品。它是一九五〇年代的设计，在那个时代，现代思潮还相当理性，重视实用的机能主义尚是主流，这位来自北欧的建筑师乌荣（Utzön，1918—2008）居然用一个炫目的造型，在二百多位角逐者中脱颖而出，为评审们选中，多少有些出人意料。

由于造型特殊，怎么建造起来，建筑师并无明确的方案，显然需要增加大笔花费，使得奖的建筑师与澳大利亚政府之间闹得很不愉快；后来他居然索性辞去委任，从此不到悉尼一步。照说应该重选方案才是，而政府居然要当地的几位建筑师按照他的设计完成，可见他的造型设计实在太讨人喜欢了！

一九六四年，我在哈佛读书，有一位来自澳大利亚的同学拿当时澳大利亚的报纸给我们看，报上把歌剧院比作一条大鲸鱼，要吞掉悉尼，来比喻其预算一直不断升高的情况，实在使民众看不下去了。政府不得不发行公债来完成一座建筑，说起来也是破天荒的事。这栋建筑前后花了十几年的时间才建造完成，可是落成后为悉尼带来的能见度，证明花这些时间与心力都是值得的。自此而后，世界上有野心的市长都会兴起建一座超级文化建筑来推销自己的城市的想法，但称得上成

港口广场上的小剧场

功的，只有二十年后西班牙毕尔巴鄂的古根海姆美术馆勉强可以与它相比。台中市一度想建古根海姆，也是来自同样的启示。

外观上美丽的韵律

现在让我们仔细看看它吧！

乌荣设计这座建筑的时候，是把它当成港口的门户看的，所以假定自国外来的访客是自船上看到它，而为之感动。可是今天的游客都搭飞机，很多是为参观这座建筑作专程探访，因此大家所看到的悉尼歌剧院，是自陆地上看到的一面。好在建筑坐落在一个伸入港口的半岛上，自两面看都是相同的。临外海的一面只有搭游轮时才看得到。

这个设计是以形似帆船而闻名。它的困难度，是因为帆船的形状实在与剧场风马牛不相及，要把这两者拉在一起，是一个麻烦的技术问题。如果用一个大弧形也许容易些，可是歌剧院需要一个高的舞台，所以一定要至少两个弧线。为了配合功能，又要在外观上形成美丽的韵律，就把剧场做成多弧线的组合了，这就是看上去令人感到愉快的原因。

它的基本组合是把观众厅做成三个弧线，把进口做成反方向的单弧线，这样既有和谐的韵律，又有统一中的变化。只是这样还是不够的。事实上，我们所知道的悉尼歌剧院只是一个便于上口的名称，它是一个表演艺术中心，其中至少有三个建筑物，最大的其实并不是歌剧院，而是音乐厅。还有一座显著较小的戏剧厅。因为这三座建筑，共有十片以上的弧形帆，才形成这个丰富而优美的群帆飞扬的景观。这是在美感上非常基本的，也是经典的做法。

愈是动人的建筑，愈是单纯的造型，如果不顾及功能的配合，就需要毅力与政治的后盾去完成。

台基倾斜，像一艘乘风破浪的船！

喜欢群帆造型的游客，很少注意到帆的下面有一个大台基。乌荣在解释他的设计的时候，表示他的灵感部分来自东方的建筑。中国建筑一定有个台基。以北京故宫来说，远远看去，是一个大台子上，有几片曲线的黄瓦顶，中间的柱子不容易被注意到。他在设计悉尼歌剧院的时候，同样是在海平面上画一个大台子，上面飘浮着白色的群帆。

其实帆船就可说明这种造型，船身就是个台基，上面飘扬着为风所鼓满的群帆。真正欣赏帆船的人，总不能只看帆不看船吧！帆与船的关系才是看门道的诀窍呢！

歌剧院的台基是倾斜的，向半岛的尖端方向升起，使它真像乘风破浪航行的船只。由于这一后高前低的台基，使得几根飘在上面的弧线，优雅地结合在一起，达到造型的效果。请注意，这个倾斜的台基也就是剧场的观众席。一个容纳二三千人的音乐厅，一千五百人的歌剧院，都需要倾斜的坐席，后面的观众才看得清楚舞台，所以这是因功能的需要而产生的，也是功能与形式结合得最理想的一部分。所以你要知道，进到厅、院，你是背对港口而坐，面对大门的方向，舞台是在进口的一面。

你一定会想，建这么高的台基岂不是浪费吗？建筑师并没有那么笨。在音乐厅与歌剧院的下面各有一个实验性的剧场，可容纳四五百人，供小型表演之用。这与台湾中正文化中心的两厅院下面有实验剧场是相类似的。

坦白告诉各位读者，我对于这个美丽的群帆扬波的画面是有挑剔的。我有些不满意的地方正是这些帆与台基之间的缝隙，填补的方式有些拙笨。我会觉得如果缝隙间用玻璃填满会强化帆的感觉。可是半世纪前，玻璃的技术还没有达到一定的水准吧！

建筑内的壳形结构之美

在游客的心目中，对悉尼歌剧院的正面印象是模糊的。因为极少人去听戏，就没有机会走到广场上，自大门进入室内。另一个原因是这个设计是自侧面构思的，设计者可能没有深刻地思考正面的问题。

歌剧院的壳状屋顶

侧面看上去像帆，帆是一片布，而建筑造型是立体的，风力鼓起的帆如何变成屋顶，确实是一大问题。其结果是前面与后面看去，倒像由两片硕大无比的贝壳所组成的尖拱顶。粗看上去有些欧洲中古教堂屋顶的感觉。

三座大小不一的尖拱，正是自广场上走来所得到的印象。可是建筑师似乎比较重视后正面。因为后面才是向港口展示英姿以迎接入港船只的正向。不错，自游轮上看正面，本来就是建筑的最高点。自船上从 15 度方向看去，三座建筑的六七片尖拱层层相叠，所形成的奏鸣曲，才是悉尼歌剧院最精彩的、最动人的角度。这时候你并不觉得它是帆船，而是海神所创造的贝壳的戏剧，自海底浮升上来，可与波提切利（Botticelli）笔下《维纳斯的诞生》的奇迹相比拟。

然而这样动人的景观对于自广场进入剧院的观众来说并不存在。前面在造型上其实是后面，是低矮的一面，后来的经营者虽努力用广场的设计衬托正面，仍然谈不上宏伟。不过自另一个角度看，尺度较小比较亲切近人，可以使我们更容易亲近、接受这样一个庞然大物。

可想而知，它并没有今天的文化性建筑所常拥有的高大的门厅。进到里面，最有趣的是抬头就可以看出壳形结构的美，是一般建筑所没有的。不算高的屋顶上并没有天花板，可以看到像折扇一样的骨架，自地面上升，在天花上相交。原来在外面看到的船帆是由细骨条所组成的，当成串的扇骨收紧落地的时候，是一个钢制的柱基。

它是澳大利亚的象征

进了大厅，想找自己的座位，要走上一个层层上升的大阶梯。不过不要忙着进到表演厅里面，先向前进，走到尽头，进到一个面海的厅堂里，在这里可以遥视港口的景观，及水面来往的船只。可以想象在航空时代来临以前，坐在这里的咖啡座，看着海上的船只活动，等于监视澳大利亚的命脉，心中不免升起一股豪气吧！

一般的游客当然是在陆地观赏其港内一面的外观为主，尤其是有帆船在港口活动的时候。在它的附近有一座著名的大铁桥，庞大又拙笨，恰恰与轻巧的歌剧院成为对比，使两者更为出色。大铁桥是早期工业时代的产物，也是一个观光景点，如今竟成为观赏歌剧院最理想的位置之一。远来的游客不要忘记设法登桥一游。

不论你是否喜欢这座建筑，悉尼歌剧院不但是悉尼的地标，而且

自船上看歌剧院全景

是澳大利亚全国的象征。世上每一个国家的重要城市都希望拥有这样一个地标，每一位重要的建筑师都希望设计这样一座建筑，可是他们都没有悉尼这样令人羡慕的港口门户一样的坐落位置。即使有，也没有那么理想的与城市的关系，可以作为众人活动的场所。

京都平等院：像振翅待飞的凤凰

在我年轻的时候，要研究中国古代建筑，除了求诸书本之外，要亲身体验，只有到日本去。台湾与日本有特别的缘分，被日本占领五十年，没有留下多少仇恨，却离情依依，多有怀念。战后台湾与大陆两分，遥望对岸战鼓咚咚，似乎已不再是家乡了，在文化的归属上，陷于惶惑不安的境地。这时候，日本张开双臂欢迎我们，使人有说不出的亲切感。

这是我于一九六〇年代初去日本参访时的心情。到京都、奈良访问古建筑，我告诉自己，这不是去日本，是去古老的，被中国人遗忘了的中国。

怀着这样的心情，在日本友人的带领下，暂时忘记明清宫殿的华丽面貌，投身于东方木结构所营造的典雅、素朴的氛围之中。有一阵子，我几乎觉得京都是我的故乡。我完全不懂日语，儿时日本兵在家乡那凶巴巴表情的记忆也模糊了，只愿沉醉在那些古老的建筑与庭院之间，想象着京都原是按照古代长安的计划所建造的。

可是我并不喜欢那么有名的金阁寺。其实京都大部分著名的古建筑都是受中国影响的日式建筑，对我而言都缺少亲切感。真正以唐代建筑为模式的古迹，反而是十九世纪的平安神宫，因为规模不大，感

平等院凤凰堂全景

到有些做作，好像放大的建筑模型。所以当我看到平等院的时候，才觉得是融合了中国与日本传统的优点所留下来的杰作！

平等院只存凤凰堂了

严格地说，平等院并不在京都，是在京都之南半小时行程的宇治市。难怪我第一次去京都，待了一个星期却没有看到平等院。第二次去京都，由于与皇宫有关的建筑与庭园都看过了，忽然想起平等院来。其实我把它的名字忘记了，只记得形状。那是在一九五〇年代，我尚在成大读书的时候，负责兴建东海校园的张肇康先生来校演讲，谈校园设计，其中就有平等院的照片，给我留下很深刻的印象。第二次旅行没有人带领，我到观光服务站去询问，就在服务小姐的面前用双手展开做鸟飞状，用英文说 temple，她居然了解我的意思，拿出了平等院的旅游折页来。我很高兴地向她致谢，打开简图才知道它的正确位置。

平等院应该是寺院吧，可是为什么与其他的寺庙完全不同呢？不但是建筑的造型特别，它的配置方式也不同于一般寺庙。根据我对唐代建筑的了解，它的配置应该是接近宫殿才是。后来查出才知道这座建于十一世纪的建筑的前身原是藤原家的别墅，后来才改为寺庙的。

另一个问题我迄未找到答案的，是平等院目前的格局是寺院的全部，还是寺院的一部分？我的了解是：这种主厅加两翼的组成，应该只是寺庙建筑的正面，背后应该有僧房之类的次要建筑吧！即使是贵

平等院凤凰堂正厅

族的住宅，也应该有居住的空间，怎可能只有一个正厅加上两侧的廊子呢？

总之，平等院目前只有这个凤凰堂了。

屋顶曲线是一种人文现象

凤凰堂这名字是怎么来的，查问无人知道。我隐约地感觉，这是这座建筑的最佳写照，也是中国古代建筑最佳的诠释。中国古建筑的屋顶为什么起翘？建筑史家有很多种解释，有人说灵感来自下垂的布棚，有人说是自弯曲的竹屋顶演变而来，但考古学者告诉我们，中国在有屋顶曲线前一千多年，就有建瓦屋的技术，而且自随葬明器中看来，屋顶都是挺直的。考古学家的复原图，建筑都是庄重严肃，重檐列柱，一副伟大军国的气象，是标准的权力的象征。

我认为屋顶曲线的出现，是一种人文现象。中国文化到了六朝，国力衰退，出现了抒情诗文，知识分子开始生活在想象空间之中。道家神仙说盛行，建筑乃有去刚硬、求飘逸的必要。南方的阳光与雨水，需要出檐深远的建筑，恰恰适合弯曲的屋顶。这种建筑经过数百年的发展，到了唐代已经非常成熟了。有些建筑的屋顶，在隐约间，被匠师视为鸟翼，也是理所当然的。所以我把自六朝到北宋的中古时期的建筑称为凤凰的时代。凤凰展翼不但意味着文化的高昂情绪与文雅的气质，也代表了人文精神丰收的阶段，明朗而满足，诗文盛行，与欧洲中世纪的黑暗时代形成强烈的对比。

很令人遗憾的是，中国在这个时代留下了谈不完的美丽诗文，却没有留下什么重要的建筑。山西尚有两座寺庙，今天视为瑰宝，却没有时代的代表性。好在这个时期正是日本人向中国文化取经的阶段，而日本人是很能保存传统的民族，所以我们还可以到京都、奈良看到一些古中国的影子。当然，无可讳言的，它们与日本当地文化已糅合在一起了，要一些想象力才能分辨。话说回来了，今天分什么中国与日本还有多少意义呢？只要找回精神价值就可以了！

屋顶起翘，建筑显得翩翩起舞……

让我们认真看看凤凰堂的美。

首先看看屋顶的起翘。正殿的屋顶是歇山顶，出檐的深度几乎大过殿内的空间，所以经常把殿身笼罩在阴影之中，好像展翼的大鸟保护它的幼鸟一样。这是一座重檐的建筑，但是下檐反乎常情地比上檐短，而且使用日本的习惯，把下檐断为两片，做出一个特别高的大门。这样的设计是独一无二的，整体看来与单檐无异。下檐也是有起翘的，却是陪衬的角色，使凤凰堂的正面显得韵律感丰富，而主体分明。

前面说过，凤凰堂的格局是沿袭唐代建筑的。在正殿的两侧，下檐的高度，向左右伸展出两层的长廊，在大约与大殿正面宽度相同的距离，就向前弯转，呈∏字状，似乎是一种自然收头的方式。而在转折处，各突出一个方形的屋顶，以呼应中央的鸟翼，使整个格局呈现完整的对称。不但如此，这些回廊的屋顶有坡度相似的起翘，使整组建筑都有翩翩起舞的感觉。

非常有趣的是，凤凰堂的两翼，不同于中国唐代的建筑，是没有基座的。这里只有正殿才有一个不太高的台基，台基的宽度与屋顶的出檐约略相当。至于两翼，则是木柱直接立在地面上，与干栏建筑相

凤凰堂两翼

同。什么是干栏建筑？是南方潮湿地区的建筑方式，用木柱撑离地面，是自远古巢居的精神演变出来的。中国黄河流域的古文化自穴居演变为土台建筑，成为中国的主流形式，而日本人则承袭沿海一带的文化，把干栏建筑发展为日式建筑的主流。

干栏建筑的特色就是轻快，通透，富于灵性。可是日本接受中国建筑的影响后，虽保有干栏的特色，因为用低矮支柱当台基，轻灵的精神尽失，而能保留高支柱的干栏精神，配合着舒展的曲线屋顶，与深远的翼角起翘，予人振翼欲飞的感觉的，只剩凤凰堂而已。

欣赏凤凰堂之美，要自远而近看。在堂前有一个水池，我去的时候，朴质自然，并无修饰。走到池的对面可以看到建筑的全部，欣赏翼角翚飞之美感，几个简单的曲面互相配合，以乐曲的和谐，令人心神愉快。在这里你可以遥视正殿屋顶上的两只凤凰。对于习惯于正脊上看到盘龙的中国人来说，对这来自汉代传统的凤饰不免有奇异而轻松的感受。在这里，你也可以清楚地感觉到完全用柱子挑空的建筑趣味。

理解斗拱，这里一目了然！

然后你应该走到正面，欣赏主殿的美。这里屋顶的曲线是潇洒而又含蓄的。它没有北京宫殿的呆板与严肃，又没有江南亭阁的轻佻与活泼，却予人平和而舒畅的感觉。屋顶全是灰色的瓦，没有台湾的五颜六色的剪贴或交趾烧，非常直截而清爽。殿身的木构造也是黑白分明，不施颜色。这是日本风吧！

自西方美学的观点，正殿也是很入眼的。它的比例非常匀称。檐

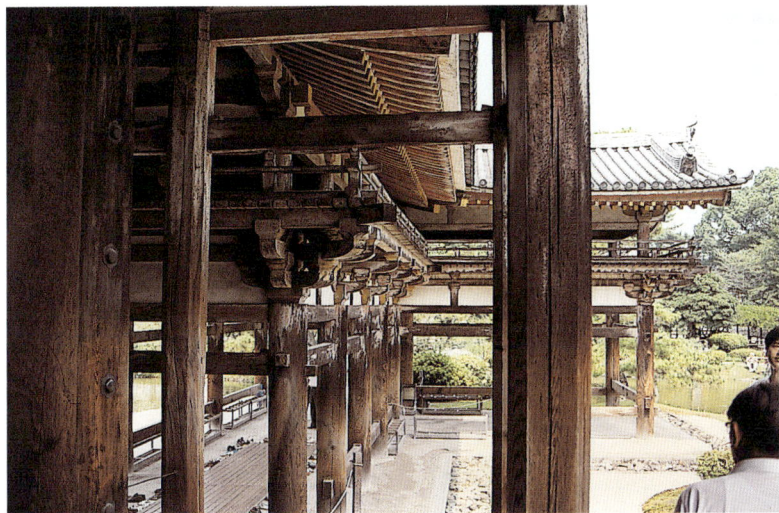

裸露的木结构

下的高度与面宽之间，竟约略合乎黄金比。其他主要部分大多为二比一与三比二，是我们最习惯看到的比例。其实比例之美不必深究，现代建筑大师柯布西耶曾说，只要养成判断美感的欣赏能力，看上去是美的建筑，大多合乎良好的比例。倒是欣赏构造的美感，凤凰堂也是难得的好例子。

由于没有施漆，这里的木结构是裸露的。一方面可以体味木材质感的趣味，同时可以欣赏中国式构造的美。平等院使用的是早期唐代之前的构造，还没有经过装饰化，如果平心静气地看，连榫头都可看清楚。为什么有斗拱？什么是斗拱？有心的观赏者可以一目了然。这里好像一个大模型，供我们仔细揣摩。

这就是近四十年前，我在那个廊子上流连忘返的原因。

洛韶山庄：白色的几何雕塑

　　最后一篇要介绍一座怎样的建筑呢？对我来说，本来再介绍十座八座是轻而易举的，可是我有一个冲动，想介绍一个我自己的作品。这，使我犹豫了很久。平时总是提前交稿的我，这次却因此一再犹豫，搁置了两个月。我这样做，会不会有人说我老王卖瓜呢？老实说，是因为想介绍一座台湾的现代建筑作为收尾，可是找来找去，不是资料不全，就是有些不合意的地方，较难下笔。忽然想到，何不介绍一下自己的作品？我并没有自认非常满意的作品，但也有说得过去、可以看的作品，如果我持平而谈，好就说好，坏就说坏，反而对读者有益。想到这里，我就不客气了。

　　下了这样的决定，又要自问，应该选哪一个作品呢？坦白说，我的作品大多已有二三十年的历史，很多已经不存在了。有些我自认尚有价值的作品，如中研院的民族研究所，由于加建，已有些变样。想来想去，决定介绍年轻朋友们都视为我代表作的一栋小房子：洛韶山庄。这栋建筑曾经是郭肇立为我七十岁生日编写的《筑梦者》一书的封底，也曾是我的自传《筑人间》的封面照片，可见有一定的共识。我自己也觉得这虽是一栋小作品，但正因为规模不大，才使我控制自如，依我的设计理念充分表达。我曾在当时的《境与象》双月刊上，详细地介绍了设计该建筑的构想与几何操作的过程。

洛韶，美得像瑞士！

言归正传，一九七三年，我已在东海大学干了五年的建筑系主任，应邀到美国加州科大去客座，又于次年前去英国伦敦大学进修三个月，于一九七四年夏天回国。回来后就接到"救国团"的溪头活动中心的设计工作。宋时选先生看上我，很想多些设计工作给我，当时台湾的公共工程很少，"救国团"却正在积极全省布局中，但人情各方面的压力很多。他对我说，台湾中段的工作由我负责。所谓中段，是指东自澎湖，中经台中，过横贯公路到花莲。我没有想到这中段的"救国团"的建筑，形成我一生中主要的作品带。然而在一九七五年，我尚看不出什么端倪，"救国团"只丢了横贯公路上两件小工作给我，其中一件是整建，另一件就是洛韶山庄。

这是"救国团"的横贯公路青年健行计划的一部分。当时学生的活动自西部出发步行到花莲，要四五天的时间，因此中间要停数次，我曾为他们设计过一座梨山山庄，自认很有代表性，可惜因为他们在农场解决了住一夜的问题，计划没有实现。慈恩是下一站，建筑是一座旧的招待所，由我整修。再下一站洛韶，是到天祥之前的一站，也就是已在台湾的东部了。记得我去勘察现场的时候，自山头向下俯视山谷，但见云雾似海，遥视天际，令人胸怀壮阔。同行的"救国团"的主管指着谷边道路正前方的一个山头下的平坡说，那就是洛韶山庄的基地。我一瞬间，觉得以这山头为背景，应该是一座白色的小堡垒。这里像瑞士一样美。

可是钱实在有限，"救国团"只有两百多万，要为近百的学生建一个双层铺的休息站。怎样为这样一座功能朴实的建筑创造一个动人的造型呢？

以几何构成来设计山庄

那段时间，我是相信几何学美感的。我相信康（Louis Kahn）的观念，理性的形式就是几何的秩序，所以就玩起几何的游戏来了。这里面是有一套理论的，总而言之，是一种把几何形状与建筑功能完全套合在一起的设计方法，最后又把几何形当成建筑的外观。是很有趣的游戏。

建筑的造型要有变化，必须先加以分解，再予以组合。说起来这样一栋小房子，建一座"火柴盒"就可以了。可是那就失掉了形式变化的可能性，缺少青年的活力。

要分开，就从功能开始。这房子的功能很简单，当然以学生的双层铺睡房为主，然后是来此吃一顿简单的饭。吃与睡是主要空间，那么拉、撒就是次要的空间了。分开是好事，因为在那个年代，厕所是集中的，所以不免有些异味，要经常打扫。因此分开，还要有点距离。

在几何操作上，我画了一个大方块，一个小方块，两个都是长方形。主从分明了，要怎么安排呢？要看地势。洛韶山庄的基地是山坡下的一个长形平台，向下俯视山谷。我要让每一个房间的窗子都看到山谷。若照一般的做法，一个长方形的建筑，睡房每边一列，中央走廊，只能有一边看山谷，另一边就只能面壁。所以玩几何游戏，这个长方形先要有个对角线，把房间安排在长方形的对角线的一侧。这样有什么

远视洛韶山庄

好呢？可以把对角线转 45 度，使长方形的一角面对前方，也就是山谷，这样，每一个房间的窗子都可以有好的视野了。

跟着的问题是，小的长方形，原本可以与大长方形整齐排列的，如今要放在哪里呢？经过旋转后，大长方形已经有点近似三角形了。两者的关系要怎么重新建立？我利用对角线与边线的关系，重建两者间的秩序，而仍使小长方形的一个长边面对山谷，因为山庄的办公室需要面对山谷的视野。

把基本的几何关系与环境关系确定后，再仔细看看空间与造型的细节。房子不大，对山谷的一面，也就是自远处来路上观看的形应该是简单的。可是真正要到山庄的人自公路绕上山坡，是自背面进入的。这个进口则需要有些造型上的变化，不但是变化，还要有点气派。因此我又做了些几何形操作与割切，像剪纸一样的游戏，得到最后的结论。到此，设计的第一步就完成了。

初试清水混凝土做表面

简单介绍空间几何构成之后，让我说说建筑外观的逻辑。今天看照片，洛韶山庄像当年由纸板做成的模型。诚然，在当年的岁月，建筑最纯净的外观就是白色的面板所组成的雕刻体。在国际上一流建筑常是用清水混凝土做成的板。我做建筑时很想用混凝土板，可是没此胆量。所谓"清水混凝土"就是用模板铸成混凝土后，不加粉装，利

洛韶山庄正面

用其原有的表面面对观众。这要有仔细认真的模板工，厚实的模板，所以造价比后加粉装要高得多。当时的台湾没有这种财力。另一个问题是，混凝土表面是粗糙的，会吸一点水，最怕污染。而台湾的空气污染十分严重，建筑表面容易沾污，混凝土面将不堪设想。所以我只能想想，不敢使用。

洛韶给了我一个机会，这里是山野，没有人会细看建筑的表面。而且青山绿水的污染应该很有限，可以试试清水混凝土。我想看看粗制的模板会打成怎样的表面。

这个决定，使我构思造型时可以完全以板的组成为原则。板面上切除开口形成黑白的对比；这是面的美感的构成。板与板的结合就形成立体，在体上切除退凹，形成阴影，而塑造光暗的戏剧；这是体的美感。面与体的美综合起来，就是现代抽象几何造型的美。

打开 T 形的窗子

里面的美，最重要的是上文所提的睡房，因为它面对山谷，且为公路上的视觉焦点。由于室内是双层铺，我希望睡上层的学生也可以看到风景，就把窗子设计成T形。这是我第二次使用这样的设计。此图形特别适合板面：一边三个T，一边四个T，成为此建筑的外观特色。

处理体的美，原则上，大长方形是两层的水平走向的体积，小长方形是三层垂直走向的体积。一直一横，中间用通廊连着，是基本的组合。为强调两者间的统一感，决定把垂直矩形的下方切除一角，创造大出挑的戏剧。由于底层的割切，形成上大下小，因此建筑的进口小广场的方向，充满了体积的光影变化。

在细节上我不能一一交代，以免读者厌烦。在这里我要说明的，是在混凝土板做好后，过分粗糙，在我意料之中，我不以为意，但"救国团"的朋友们觉得太过刺眼。我思考了很久，决定在上面刷一层白粉，一方面可以遮丑，又可以提高亮度，使它在深浓的青、绿背景中更加突出。混凝土的质感虽略被掩遮，大家总算满意了。

这座小楼孤寂地坐落在山野中已三十五年了。时代进步，多年来已经没有学生步行横贯公路，因此这座山庄失掉了功能，即将在历史中落幕。"救国团"把它让给风景区管理局，管理局想再利用，也想不出办法，因为这里离太鲁阁太远了。正因为无所用，才勉强保留至今。几年前，郭肇立教授去拍照时，外观已经因年久未维护而"古"意盎然了。据说管理局有意维修，不知洛韶山庄有被保存的好命吗？